万明国 华淑萍 编著

图书在版编目(CIP)数据

谨防美丽陷阱/万明国,华淑萍编著.—武汉:武汉大学出版社,2007.4
民生大讲堂/丛书主编:周运清
ISBN 978-7-307-05515-5

Ⅰ.谨… Ⅱ.①万… ②华… Ⅲ.①美容—服务业—案例 ②美容—方法 Ⅳ.F719.9 TS974.1

中国版本图书馆 CIP 数据核字(2007)第 048629 号

责任编辑:钱 静　　责任校对:程小宜　　版式设计:詹锦玲

出版发行:**武汉大学出版社** (430072 武昌 珞珈山)
(电子邮件:wdp4@whu.edu.cn 网址:www.wdp.com.cn)
印刷:湖北恒泰印务有限公司
开本:950×1260 1/32 印张:5.5 字数:126 千字 插页:1
版次:2007 年 4 月第 1 版 2007 年 4 月第 1 次印刷
ISBN 978-7-307-05515-5/F·1046 定价:18.00 元

内容提要

随着社会开放和观念的转变，全民对于美丽的追求催生了美容经济的繁荣。据统计，美容消费已成为国人第五大消费。目前，我国城镇人口月平均美容消费已达29.33元。其增长势头，远远领先于其他消费领域。然而美容消费夹杂着美丽的陷阱。10年来，全国发生的各类美容毁容案件20多万起，许多消费者的身心遭到严重伤害。围绕美容的方方面面，本书选择了最典型的案例、最前沿的话题、最热门的现象，以平民化的语言和贴近生活的材料，告诉大家如何以乐观、开放和科学的心态面对美容。

总序：悠悠万事，民生为大

“民生”一词最早出现在《左传·宣公十二年》，所谓“民生在勤，勤则不匮”。这里的“民”，就是百姓的意思。而《辞海》中对于“民生”的解释是“人民的生计”，是一个带有人本思想和人文关怀的词语，话语语境中显然渗透着一种大众情怀。

民生问题是社会进步和政权兴替的关键。中国自古以来就将“民生”与“国计”相提并论，民生问题一直与国家发展存在着不可分割的关系。儒家治国理政思想的核心是“民惟邦本，本固邦宁”。《管子·霸业》指出：“以人为本，本治则国固，本乱则国危。”《左传·庄公三十三年》强调：“政之所兴，在顺民心。”这些论述，无不反映了古代先贤对民生问题的重视。

然而，漫长的封建社会，虽说有“文景之治”、“贞观之治”的升平时期，但总体上经济凋零、民生蹙迫，社会动荡不安。半封建半殖民地社会，中国人民深受三座大山的压迫，更是民不聊生，怨声载道。新中国成立后，中国人民站起来了，政治翻身，经济改善。但在“以阶级斗争为纲”的年代，温饱仍是一个长期困扰着全国人民的大问题。

历史证明，只有代表民意，倾听民声，关注民生，把解决民生问题放在首位的政权，才能得到人民的拥护，才能长治久安。在中华民族的历史长河中，真正把民生问题提上议事日程的历史时期，是新中国成立以后，特别是改革开放以来。邓小平同志明确提出：要把是否有利于提高人民生活水平作为判断是非得失的重要标准，强调一切政策的出发点和归宿始终要看"人民拥护不拥护"、"人民赞成不赞成"、"人民高兴不高兴"、"人民答应不答应"。江泽民同志提出的"三个代表"重要思想强调要"代表最广大人民的根本利益"。以胡锦涛同志为总书记的新一届领导集体明确提出了以人为本、立党为公、执政为民的理念。胡锦涛同志明确指出："坚持以人为本，就是要以实现人的全面发展为目标，从人民群众的根本利益出发谋发展、促发展，不断满足人民群众日益增长的物质文化需要，切实保障人民群众的经济、政治和文化权益，让发展的成果惠及全体人民。"2006 年 4 月在美国耶鲁大学的演讲中，胡锦涛同志还指出："今天，我们坚持以人为本，就是要坚持发展为了人民、发展依靠人民、发展成果由人民共享，关注人的价值、权益和自由，关注人的生活质量、发展潜能和幸福指数，最终是为了实现人的全面发展。"他明确地把"保障人民的生存权和发展权"列为"中国的首要任务"，提出："我们将大力推动经济社会发展，依法保障人民享有自由、民主和人权，实现社会公平和正义，使 13 亿中国人民过上幸福生活。"这些论述明确地把发展观落实到人民的生存、发展等基本民生问题上。

所谓民生问题，即有关国民的生计与生活问题。孙中山先生曾将民生问题概括为衣、食、住、行四要素。而这四要素的具体内容是随时代的发展而发展的。改革开放初期，民生问题主要是城乡居民的衣食之忧，解决当时的民生问题也主要是解决人民的吃饭穿衣问题，解决温饱问题。改革开放以来，经过 20 多年经济社会的快速发展，我国相当一部分城乡居民进入了小康生活，他们面临的突出问题便是如何更好地满足新的物质和文化需求。有评论指出，同计划经济时代相比，现时代更显露出教育作为民生之基、就业作为民生之本、收入分配作为民生之源、社会保障作为民生之安全网的重要性。当今时代，既是我国加快发展的重要战略机遇期，也是积极化解和应对经济运行中积累的矛盾的重要时期，民生问题是这个时期面临的大课题。事实已经证明，民生问题解决得愈好，民心就安顺，经济就发展，社会就和谐，全面建设小康社会的奋斗目标就能如期实现。

今年春天，中央1号文件把农村、农民问题提到史无前例的高度，保护农民种粮积极性的一系列举措不仅仅保证了粮食安全，也维护了广大农民利益。三年逐步取消农业税，这表明千百年来的皇粮国税，要在我们共产党手里把它们永远废除。农民不仅可以务农增收，还可以自主择业进城务工发展。为了维护农民工的合法权益，各大中城市正在从改善农民工子女入学、廉租房和工资维权等方面作出妥善安排。近年来，政府关注的社会就业和再就业、县乡公路改造和畅通工程、城镇社会保障和农村扶贫、农民失地和城镇拆迁补偿安置、食品安全、公共卫生服务体系建设和重大传染病地方病职业病的防治、城市环境和城乡居民安居工程等方面的问题，件件关乎民生顺乎民意。

胡锦涛总书记在2007年元旦新年贺词中指出："我们将按照经济社会又好又快发展的要求，着力调整经济结构和转变增长方式，着力加强资源节约和环境保护，着力推进改革开放和自主创新，着力促进社会发展和解决民生问题，推动经济社会发展切实转入科学发展的轨道。"他说：中国全面落实民生工作，全力建设社会主义和谐社会，必须从"四个着力"入手，其中之一即是全面落实民生工作。随后，他在几个基层走访调查中也明确表示，中国老百姓的利益才是首要任务。温家宝总理在苏北调查中，特别了解农民可以从每斤大米中获利多少钱，强调国家就是要让农民得到实惠。这是中央明确发出的信号：中华民族迎来了老百姓期待的实实在在的“民生年代”！

进入民生年代，我们推出“民生大讲堂”系列丛书，旨在以老百姓衣食住行为本，用社会学视野透视民生问题，提升民生质量。透过“民生大讲堂”，我们期待经济持续稳定增长，教育收费趋于合理，住房价格不要疯涨，就业难问题大大缓解，医改更加惠民，物价更加平稳，心灵更加阳光，社会更加和谐。“民生大讲堂”祝愿老百姓从期待“民生年代”到“共建共享”。

周运清

序　言

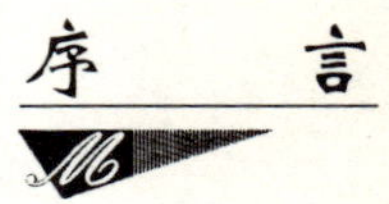

新东方尽管做的是语言教学，但真正促使新东方成功的一直是新东方的精神和育人理念，一种奋发向上、追求卓越的精神，一种从平凡中追求伟大的精神，一种从挫折和失败中追求成功和辉煌的精神。正是这种精神使得无数的年轻学子来到新东方去追寻他们的梦想。

近几年来，为什么会有“马加爵事件”？为什么会有“虐猫事件”？为什么大学生自杀会成为“问题”？在我们强调素质教育的今天，我们的一些学生缺乏的并不是知识和技能，他们不缺专业、不缺学历，缺少的是对人生的正确认识和态度，是对社会的了解、参与、融入和调适能力，是对生命的热爱和对民生的关爱。

周运清教授一直致力于研究社会学，是武汉新东方青少年道德教育与权益保护研究中心的顾问，对青少年的道德教育和健康成长有深刻的研究。在2007年“民生年”推出周教授主编的这套系列丛书，给现在中国不太成熟的素质教育注入了新鲜的血液。我们知道，除了书本知识，还有对孩子们更重要的社会知识！能够传承和延续千年的不仅仅是专业技能，更重要的是正确的人生态度，是健康人格和人文底蕴，是创新思维和奉献社会的精神，这也是新东方的育人理念。我们只有把这些素养和知识技能结合起来，才能够培养出社会主义现代化建设所需要的人才。国以才立，政以才治，业以才兴，品德与素养的培养是人才的根本。

新东方教育科技集团董事长　俞敏洪

2007 年 3 月 10 日

目　录

前言　窈窕淑女　君子好逑

一个人问：女人，你到底怎样才算美丽？

另一个人吟起：关关雎鸠，在河之洲，窈窕淑女，君子好逑。真正美丽的女子，应该是窈窕淑女。

是啊！窈窕者众，因为窈窕容易嘛！古代的女人就知道，以米粉敷面，用铅粉描眉，蘸丹沙涂唇，紧纱布束腰来窈窕自己。今天的女性可比古时的女子幸运多了，科学技术的高速发展，化妆品琳琅满目，造美机构铺天盖地，想美哪就美哪，身材矮了往长里拉一拉，嘴巴小了往开里刺一刺，头发枯了油一油，眉毛少了绣一绣，乳房平了隆一隆，油脂多了抽一抽，只要你愿意，从头到脚都可以大动干戈，最后，窈窕得连你自己恐怕都不认得自己。

淑者寡，因为想淑有点难度。淑是讲内在修为的，用智慧来展现的，多半和学习有关。过去女子是被灌输崇尚女子无才便是德的，是被三从四德捆绑着的，因此“淑”的机会并不多，屈指可数的几个也就不足为怪了。可现在的女子机会就多了……

自从“中国第一人造美女”横空出世后，各地蜂起效仿，“上海第一人造美女”、“武汉第一人造美女”、“广州第一人造美女”……一时间，百“美”争艳，让人眼花缭乱。这厢，“人造美女”们还未唱罢，那边，“中国第一人造美男”又闪亮登场。“如果时机成熟，我还将继续打造‘上海第一人造美男’。”制造者的壮语雄心已经预示，此股人造美女美男热，正在走向又一个高潮。然而，当人们津津乐道于诸多不可思议的美丽时，可曾想到，有一组数字也在冷静观看着这场名为“为美痴狂”的“战役”。来自中国消费者协会的报道：10年间，已经有20万爱美人士，用高价换来了吊眼、歪鼻、面瘫……

如今整容已疯狂，其势愈烈，其痛也就愈深，有不少人求美不成反被毁容。“人体不是试验田”，中国“整形外科之父”张涤生院士的殷殷告诫，更是催人警醒、耐人寻味。“上帝给她们一张脸，她们却还要自己造一个。”如今愈演愈烈的“整容热”，似乎屡屡应验着莎士比亚当年的这句预言。一些爱美女子不幸猝死于手术台上，更是付出了生命的代价。

在一些人眼中，整鼻子小菜一碟，划眼皮不值一提，只要是人体的一部分，似乎什么都能整，什么都敢改，从头到脚，全不放过。更有匪夷所思的整容——竟然有一位女性到医院，要求把脚趾按比例截短，为的是能塞进尖头皮鞋，显得更加娇小可爱。唉，“削足适履”的“三寸金莲”，如今竟然也要“重放光彩”？一些“求美不成反被毁容”的悲剧中，有多少伤痛和后悔，是我们所不曾知晓的。

有人说，美丽的容颜就像一幅挂在墙上的画，随着时间的推移，颜色逐渐脱落；美丽的素养，就像一缸陈年的老酒，越久越香。美丽的女人有自信的笑容，得体的举止，出得厅堂，入得厨房，静如处子，动如脱兔，雍容大度，媚俗不染。美丽的女人，应该是有独立的人格和强烈的自尊，有自己追求的事业和并为之奋斗的毅力。

美丽的女人独处是一道美丽的风景，行走人海亦是一道美丽的风景。

注射隆胸需谨慎

“生命诚可贵，健康价更高”，隆胸与健康是每个女人都十分关心的话题。隆胸，看起来是个十分简单的行为过程，但要做到健康隆胸，其难度着实不小。当今社会，隆胸领域中的“甜蜜陷阱”无所不在。不花点功夫识别，很可能被隆胸道路上的那些坑坑洼洼所陷、所害，因此，注射隆胸一定要谨慎。

注射隆胸致“硬胸”四年

据中国美容网消息，钱小姐四五年前做注射隆胸手术，现在要拿出来，做了4个多小时的手术，再装回假体。当时二十岁，正值爱漂亮的年纪，当时注射隆胸广告十分火暴，一听说“‘一针见效’、‘不用住院’、‘无痛’、‘即刻可回家’、‘手感柔软’”，吹得天花乱坠，钱小姐就跑去做了注射隆胸。刚做完手术时胸部的确很漂亮，虽然一开始就感觉很硬，但医生说多按摩，半年后会变柔软，钱小姐就耐心地等着。

“按摩了大半年，我的胸部还是很硬。刚开始两年还是大块硬，后来变成小硬块，一粒粒的，摸上去像一个沙袋，月经来时更是发痛，腋窝下也很痛，每次冲凉时按乳头还会流出一些黄色的液体。”钱小姐手捂胸部痛苦地摇头说，“这四年半来，我都非常后悔！本来不想拿出来立即装假体，但想到我的胸变成两个放了气的气球很难看，还是选择同时做假体植入。说开刀隆胸痛苦,那么注射了几年后开刀拿出来那才叫痛苦!”

隆胸猝死手术台

据《江南都市报》报道，一位徐女士因隆胸手术失败导致死亡。隆胸手术失败的事件已经不算新闻了，但与以往美容事件不同的是，徐女士却是在她隆胸后的一个半月突然死亡，2004 年 6 月 20 日，为了使自己的身材更加完美，她来到一家美容院做了注射隆胸手术。7 月 30 日，徐女士在表妹的陪同下再次来到这家美容院对胸部手术进行复查。可是，仅仅半个小时之后，她就猝死在这家美容院的手术台上。经 120 急救医生初步检查，判定徐女士属于猝死。身体向来健康的徐女士怎么就突然死亡了？她的猝死和美容院之间存在什么必然的联系吗？目前徐女士的家人已经向警方报案，他们希望能够为徐女士讨个说法。

饱受奥美定残留物危害

据中华网健康频道消息，2003 年王女士在一家医院做了隆胸手术，但两个月后便感到胸痛难忍，于是她连做了七次“奥美定”抽取手术并植入了乳房假体。但权威医院诊断显示，她的一侧乳房假体已破且仍有“奥美定”残留物，症状越来越严重。

隆胸材料“奥美定”叫停后取出之痛

“奥美定”已经被国家药监局叫停。“奥美定”被叫停之后，很多美容医疗机构立刻打出了能做取出术的广告，大多宣称“绝无风险”、“百分之百”取净。但权威专家并不同意这种说法，因为大多数人在注射隆胸材料时都没有注射到准确位置，取出“奥美定”不能靠简单的抽取。

专家指出，取出“奥美定”的乳房修复手术，既不能简单采取抽取的方式，更不能在做手术的同时随意植入假体，因为这样有可能引发严重的并发症，给患者再次带来伤害。

不久前中国消费者协会发出警告，提醒“奥美定”消费者在取出时一定要慎之又慎，抽取“奥美定”也一定要去具有整形外科条件的三级甲等以上的医院。

注射隆胸手术非正规的三甲医院不能做

三甲医院的称谓来源于国家卫生部的督导评估，各方面的条件都达到了国家规定相应标准的医院。一般情况下，在医院正门前都挂有标识。这类医院条件设施好，医生的素质和技术都较过硬。与私人整形机构有所不同。但这类医院一般情况下手术费用都较昂贵，而私人整形机构做手术最大的优点是相对便宜，与此相反，最大的缺点是风险大。目前，许多的美容院都声称可以实施注射隆胸手术，用的产品来由也无从考证，为此专家呼吁：注射隆胸应慎之又慎。注射隆胸在非三甲医院的开展属超范围经营，超范围经营则属违法行医。

任何隆胸手术不可能一劳永逸

据有关医学教授称，即使假体隆胸都不能说一劳永逸，终身受用，十多年后也难说假体外包裹的膜会不会破裂，万一假体的膜破裂了，那么安全系数会大打折扣，各种不适症可能会表现出来。案例中几位女士的不良反应正是这样。这时，为避免内容的材料直接与人体接触，医生会要求更换假体。然而，注射隆胸的材料则没有外膜包裹，内容的材料直接与人体接触，就像假体破膜后的状况，安全问题就可想而知了。不论是假体隆胸还是注射隆胸，他们的填充物都有一个与人体自身组织相互适应的过程。在适应的过程中，甚至出现排异反应，所表现出来的症状，就是个案中所出现的不适症。这种排异反应，有的是在做完手术后马上就有，有的是一年、两年，有的甚至更长，八年、十年不等，因人而异。所以，任何隆胸手术，效果都不可能是一劳永逸的。

小心流行的丰乳隆胸术

注射隆胸就是用打针的方式将一些隆胸材料注射到乳房部位，使乳房隆起、挺拔以达到丰乳的目的。做注射隆胸手术时，医师的实际水平、隆胸材料的选择以及实施隆胸手术的场所和隆胸过程中所发生问题的处置能力等，都是实施手术者事先必须慎重考虑的，这就是为什么有关专家呼吁注射隆胸手术非正规的三甲医院是不能做的原因。

一、石蜡注射式隆胸

出现时间：20 世纪初

使用材料：石蜡→液态硅胶→亲水性聚丙烯酰胺凝胶（俗称人造脂肪）

业界评价：容易引起多种并发症，危险性较高，欧美、日韩等整容业发达的国家已禁止使用。

存在风险：毒性渗漏导致并发症

注射式隆胸是出现最早的隆胸手术，石蜡则是最早使用的注射材料，但它引起的并发症相当可怕：如因栓塞引起的局部乌黑、发炎、坏死、石蜡扩散形成的石蜡瘤等，有的甚至会发生严重的癌变。到了20世纪50年代，一些外科医生开始尝试用液体硅胶取代石蜡，可惜类似的并发症同样发生。于是，这两种液体材料渐渐被医学界弃用。

二、自体脂肪移植术

出现时间：20世纪末21世纪初

使用材料：自体脂肪（常见抽取部位：腹部、臀部、腿部、腰背部）

业界评价：操作简单，百分之百无毒害，但脂肪存活率有限，不适合较大体积的隆胸手术。

致命缺点：移植脂肪存活率低，注入的多，存活的少

自体脂肪移植类似于注射式隆胸手术，它是将人体其他部位的脂肪细胞抽出，再注射到乳房，以达到丰满胸部的效果。毫无疑问，移植脂肪对人体的毒害性为零，因此它也一度成为众多手术者青睐的隆胸方式，但它却存在一个致命的缺点：移植脂肪无法百分之百存活，且移植体积越大，存活几率越低。脂肪从人体其他部位移植到乳房后，必须有足够的给养，才能与周围的组织环境慢慢结合，移植体积越大，需要的给养越多，一旦出现给养不足，就会有部分脂肪细胞萎缩坏死。

根据个人体质状况不同，脂肪存活能力亦会有所差别，一般来说，移植100毫升脂肪，只有50%左右可以存活，如果超过200毫升，存活率通常不超过40%。因此，医生认为脂肪的移植手术，更适合隆唇、隆面部等手术，如果真的要用于

隆胸，建议每次注入量不超过50毫升——这就意味着，如果要隆一个200毫升左右的乳房，至少需要进行四次手术。

陷阱1：慎选抽脂方式

虽说抽出的脂肪百分之百安全，但并不代表抽出的脂肪百分之百能用。不少人都喜欢将抽脂和隆胸两项手术同时进行，认为可以一举两得。但在这个过程中，千万要注意医师采用的抽脂方式。如果使用共振、超声、电子、激光等抽脂方式，人体脂肪就会被破坏，这样抽出的脂肪存活性几乎为零。只有通过负压技术抽出的脂肪，才能再被用来隆胸。因此，如果医生既采用了破坏脂肪的抽脂方式，又声称使用自体脂肪进行隆胸，那他很可能会采用人造脂肪滥竽充数。

陷阱2：丰满效果昙花一现

一些手术者并不了解移植脂肪存活能力有限，如果医师事前不和手术者沟通，而一次性将大量脂肪注入乳房，在术后的短时间内，胸部虽然能达到丰满的效果，有时效果甚至好过其他类型的隆胸方式，但随着时间延长，部分脂肪开始萎缩坏死，乳房也会逐渐萎缩。通常，无法存活的脂肪，一部分会被人体吸收，而另一部分也可能硬化变成脂肪结，触摸时感觉类似一个个小的乳房肿瘤，这时就必须再次进行手术，清除这些脂肪结块。

三、假体填充术（目前最合理的隆胸方式）

出现时间：20世纪中叶

使用材料：硅凝胶假体、盐水袋假体

业界评价：目前为止成功率、安全性最高的隆胸方式

注意事项：合理选择手术切口和假体安放位置

所谓假体填充式隆胸，就是利用人造假体将乳房承托起来

的手术方式。最早使用的填充材料是凝胶海绵，但长期植入后，凝胶海绵容易变硬并收缩。1963 年，硅凝胶假体开始临床应用，并一直使用至今。

既然要开刀，自然不会像注射式隆胸那样一支针管就搞定，必须合理选择刀口和假体安放的位置。一般切口有三种选择：腋窝、乳晕、乳房下缘。由于亚洲人皮肤弹性好，色素较欧洲人深，皮肤容易留下疤痕，所以亚洲人较少采用乳房下缘切口。

腋窝和乳晕的切口，要根据假体填充位置的不同进行选择——假体置于胸大肌后，要选择腋窝切口；假体至于乳腺与胸大肌之间的空隙，就要选择乳晕切口。一般来说，术者的乳房本身平坦、乳房欠发达，建议将假体安放于胸大肌后，这样假体与外界会隔着乳腺与胸大肌两层组织，安全性更高；如果乳腺本身较发达，只是在生育、哺乳（或年龄增加）后出现乳房下垂，应将假体安放在乳腺后的间隙处，从而将乳腺支撑起来。

存在风险：假体包裹层硬化

人体自身的保护功能，会对外来物质产生排异反应，因此，当假体置于体内后，周围会形成一层膜，将假体完全包裹。这层膜一方面保护乳房周边组织，另一方面也可防止假体移位。有些术者的排异反应特别明显，包裹膜生成较厚，就会慢慢出现硬化，必须再次手术更换假体。不过，这些假体可以完全取出，不会导致乳房坏死，自然不必担心像注射式隆胸发生病变时那样，要将整个乳房切除。

教你健康丰胸

作为女性，谁不想走在大街上，以其丰满的自身效果吸引众多男士频频回首的目光呢？有此愿望是可以理解的，渴望丰胸也是应该的。问题的关键是怎样丰胸？怎样选择一种安全、快速、省时、持久的丰胸方式？大家知道：吃药会有副作用，做手术是有风险的，使用外用丰乳系列可能会有过敏反应。那么到底如何健康、有效地丰胸呢？总的原则是：健康丰胸，不能以牺牲身体健康为代价。在这个原则的前提下，再来谈丰胸。下面看一看专家的意见。

胸部的大小是女性特征之一，控制女性特征的是雌激素的多少，分泌雌激素的器官是女性的卵巢。卵巢主要分泌雌性激素、雄性激素和孕激素。女性随着年龄的增大，卵巢功能也会慢慢减退，雌性激素分泌量减少，女性特征就会慢慢变得不明显，胸部变小下垂，腹部和背部脂肪变厚（尤其是哺育过小孩的女性）等。最健康的丰胸方法就是呵护女性卵巢补充天然的雌激素！

呵护女性卵巢其他好多书上都有说明，就不多赘述。这里只想介绍女性生活当中方便易行的食物疗法和运动疗法。即健康的饮食调理+合理的运动。

一种方法是增加一些让荷尔蒙分泌旺盛的食物，如维生素E。另一种方法是保健按摩，这种方法是采用按摩胸部、乳房的办法来增大乳房，健康丰胸。具体方法为：

1. 直推乳房：先用右手掌面在左侧乳房上部，即锁骨下方着力，均匀柔和地向下直推至乳房根部，再向上沿原路线推回，做20~50次后，换左手按摩右乳房20~50次。

2. 侧推乳房：用左手掌根和掌面自胸正中部着力，横向推按右侧乳房直至腋下，返回时用五指指面将乳房组织带回，反复 20 ~ 50 次后，换右手按摩左乳房 20 ~ 50 次。

3. 热敷按摩乳房：每晚临睡前用热毛巾敷两侧乳房 3 ~ 5 分钟，用手掌部按摩乳房周围，从左到右，按摩 20 ~ 50 次。

4. 体育锻炼：锻炼是丰乳的良方。参加体育锻炼，尤其注意锻炼胸部肌肉，使胸大肌发达，促进乳房丰满。平时注意站立和行走姿势，经常保持挺胸收腹，以利乳房发育，参加游泳运动特别有助于双乳健美。

另外，这里介绍保持乳房健康的五个秘诀。

秘诀一：愉快的心情

心情好，卵巢保持正常排卵，孕激素分泌正常，乳腺就不会因受到雌激素的单方面刺激而出现增生，已增生的乳腺也会在孕激素的作用下逐渐复原。

秘诀二：健康的饮食

遵循“低脂高纤”的饮食原则，多吃全麦食品、豆类和蔬菜，控制动物蛋白摄入，同时注意补充适当的微量元素。

秘诀三：重要的妊娠哺乳

妊娠会使孕激素分泌充足，能有效保护、修复乳腺，而哺乳能使乳腺充分发育，不易增生。

秘诀四：定期检查、适当运动

每月对乳房做一次自检，定期到专业机构做乳腺检查，每次洗澡做适当的乳房按摩，每天做 5 分钟的扩胸运动。

秘诀五：和谐的性生活

和谐的性生活能调节内分泌，雌激素及孕激素的分泌，增加对乳腺的保护力度和修复力度，性高潮刺激还能加速血液循环，避免乳房因气血运行不畅而出现增生。

女性健康护胸禁忌

怎样才能养护好乳房，并达到健美呢？不少女性缺乏乳房养护知识，结果不仅没有科学地加以养护，反而刺激、伤害了它，造成不良后果。以下就是乳房养护过程中的禁忌：

忌受强力挤压

乳房受外力挤压，有两大弊端：一是乳房内部软组织易受到挫伤，或引起内部增生等。二是受外力挤压后，较易改变外部形状，使上耸的双乳下塌、下垂等。

避免用力挤压乳房应特别注意睡姿要正确。女性的睡姿以仰卧为佳，尽量不要长期向一个方向侧卧，这样不仅易挤压乳房，也容易引起双侧乳房发育不平衡。

忌佩戴乳罩不合适

选择合适的乳罩是保护双乳的必要措施，切不可掉以轻心。要选择型号适中的乳罩，应做到以下3点：①佩戴乳罩不可有压抑感，即乳罩不可太小，应该选择能覆盖住乳房所有外沿的型号为宜;②乳罩的肩带不宜太松或太紧,其材料应是可少许松紧的松紧带;③乳罩凸出部分间距适中,不可距离过远或过近。另外乳罩的制作材料最好是纯棉的,不宜选用化纤织物。

有些女性朋友常常不佩戴乳罩，认为乳房未长成，故不必戴乳罩。其实是不科学的，若长期不佩戴乳罩，不仅乳房易下垂，而且也容易受到外部损伤。只要乳罩佩戴合适，就不会影响乳房的发育。

忌用冷热水刺激乳房

乳房周围微血管密布，受过热或过冷的浴水刺激都是极为不利的，如果选择坐浴或盆浴，更不可在过热或过冷的浴水中长期浸泡，否则会使乳房软组织松弛，也会引起皮肤干燥。

忌乳头乳晕部位不清洁

女性乳房的清洁十分重要，长时期不洁净会引起麻烦，如出现炎症或造成皮肤病。因此，必须经常清洁乳房。

忌过度节食

饮食可控制身体脂肪的增减，营养丰富并含有足量动物脂肪和蛋白质的食品，可使身体各部分储存的脂肪丰满。乳房内部组织大部分是脂肪，乳房内脂肪的含量增加了，乳房才能得到正常发育。有些女士，一味地追求苗条，不顾一切地节食，甚至天天都以素菜为主，结果使得乳房发育不健全，那么其他养护措施也就于事无补了。

忌不锻炼

适当做些丰乳操，轻度按摩可使乳房丰满。做丰乳操是实施乳房锻炼的措施之一，这对于乳房组织已基本健全的女性是十分重要的。实际上锻炼本身并不能使乳房增大，因为乳房内并无肌肉。锻炼的目的是使乳房下胸肌增大，胸肌的增大会使乳房突出，看起来乳房就丰满了。

忌用激素类药物丰乳

少女正处在生长发育的旺盛时期，卵巢本身分泌的雌激素量比较多，如果选用雌激素药物，虽然可以促使乳房发育，但却同时潜伏着一些极不利的危险因素。女性体内如果雌激素水平持续过高，就可能使乳腺、阴道、宫颈、子宫体、卵巢等患癌瘤的可能性增大。常用的雌激素有苯甲酸雌二醇、乙烯雌酚等。滥用这些药，不但易引起恶心、呕吐、厌食，还可导致子宫出血、子宫肥大，月经紊乱和肝、肾功能损害。

近几年，有一个关于健康的新词越来越多地出现在人们的生活中，那就是“排毒”，从花花绿绿的保健品广告到各种各样的文章介绍，“排毒”似乎成了一种时尚。一时间，排毒似乎成了我们现代人头脑中不可缺少的健康新观念。然而，面对那些排毒产品诱人的宣传和不菲的价格，许多人在心中画起了问号：我的内环境真的需要清理了吗？如果不排毒是否就意味着会失去健康呢？

一些消费者受到广告的吸引，购买了部分声称具有“排毒、美容、养颜”等功效的产品，按说明书使用后，并没有产生产品宣传的“清除毒素，美容养颜”等效果，有的，毒素没排除，反而给自己增添了烦恼。

服用排毒药引起厌食症

据新浪网健康频道的消息，王女士今年30多岁，由于长期便秘，3年前她便开始服用排毒类药物。可是，自从吃药后王女士就明显感到食欲不振，原来爱吃的东西服药后统统不想吃了。

服用排毒药引起继发性便秘

据《北京晚报》的报道，北京的龚女士连续5年服用一种排毒药品，一停用就严重便秘。医生诊断她是继发性便秘，属于典型的药物依赖反应。龚女士状告该排毒药品未明确标识副作用，导致她产生药物依赖性，这起官司引起广泛关注。

盲目排毒会产生对身体的伤害

我们排毒的同时，很少有人会去注意其对自身的伤害。盲目排毒会伤脾胃。学过中医的人都知道，不管治什么病，都要保护脾胃，所以中医在用泻药时都很严谨。排毒药多含有通便的泻药，而这些药大多属苦寒之物，久服后容易引起脾胃虚弱，影响人体正常的消化吸收功能。案例一中的王女士的厌食症就是服用排毒药后伤了脾胃而造成的。与此同时，盲目排毒也可能会引起顽固的药物性依赖。西医治便秘从不主张常用泻药，因为泻药只能痛快一时，老用那就是饮鸩止渴，严重的会丧失排便功能。有些排毒药里含有大黄，它属于泻药里的猛药，一般在采取紧急措施时才会让患者服用。大黄会刺激肠道，增强直肠蠕动，使排便顺畅。但这种刺激会让肠道反应变弱，长期服用就会产生依赖性。案例二中的龚女士之所以出现继发性便秘，就是服用排毒药后产生的一种药物性依赖。俗话说是药三分毒，没病乱吃药只能是自寻烦恼。药的作用是纠偏，如果你身体没有太大的偏差需要纠正，吃药反而伤身体。如果没有医生指导，不仅非处方药、保健食品，甚至连药膳都不要随便食用。人体的秘密在于达到某种程度的平衡，任何一方面的偏差都可能导致失衡，为健康埋下隐患。所以在对待排毒问题时，应寻找更多的医学依据，避免盲从。

毒只是身体的伴随物

目前，市场上有关排毒产品的广告一直非常流行。来自中华网健康频道的一项调查表明，很多女孩子为了美容和减肥，将排毒药品当成了家常便饭；还有一部分人把它当成治疗便秘的特效药长期服用；也有人把它当成保健的一种手段，用来调理身体。人们为什么要排毒？排毒药品能随便吃吗？排毒是否真能起到保健的效果？到底什么是我们身体中的毒素呢？

据医学专家解释，中医认为毒的概念非常广泛，体内代谢出来的产物都叫毒。比方说，气血不调了，引起的一些血液的淤积或气的淤积，在中医上广义讲都叫“毒”。自然界中的很多生物也跟人类一样，在生长过程中始终与内生之毒、外来之毒相伴相随。大家都知道，外界的生活环境的污染物、精神上的压力，以及我们生活中的一些不良习惯、嗜好等对我们的身体会产生一些不良影响，导致产生这些影响的物质就是危害身体健康的毒素。

毒对人体的危害被人为夸大

毒素的形成，一方面是从外界进入人体的，另外一方面，它是人体新陈代谢所产生的。正常的人，由于消化、吸收、排泄是一个正常运转的过程，也就是说，通过脏腑的功能，气血的运行，经络的通畅，新陈代谢的废物会自行进行排除、化解，即排毒、解毒。但假如说，这些过程中发生了一些障碍，那就会形成淤积，包括气的淤积、血的淤积和排泄物的淤积，时间长了导致人体产生疾病。

当我们知道有不利的因素侵害了我们身体的健康时，我们只有一种单纯的想法——那就是排毒。面对周围五花八门的排毒方法：药物法、水疗法、放血法、刮痧法等，突然间纷纷出现在我们生活当中，各种排毒方法，都号称能有效地帮助身体清除毒素，还你一个健康、清洁的身体，并且还能快速减肥，活跃新陈代谢。这些都让渴望健康的人们禁不住怦然心动。很多人也尝试过一些排毒的方法，不管是采用器械还是服用药物，大家理解的排毒就是采取外物干预。那么专家是怎么解释排毒的呢？

所谓排毒，就是指要通经活络，打通管道，保持大小便的通畅，该排泄的都让它排泄出去，肺里有了痰也让它吐出来，祛痰也有排毒的意思。也就是说要达到排毒的目的，必须维持人体的各种脉络、气管的通畅，只有通畅了才能排毒，这就是排毒的意思。

人体本身就具有强大的排毒能力，比如我们正常地排便、排尿、出汗都是在排毒。在绝大多数情况下，只要我们的机体运转正常，我们完全可以依赖自身的排毒机能。对于一些天生代谢能力较弱或者难以依靠自身机制排毒的人来说，服用一些药物或借助器械的干预来排毒，确实有一定的作用，但必须根据自己的具体情况，在医生的指导下有针对性地选择排毒的方式，记住一定要量体而行。

排毒的误区

目前人们对排毒有着各种各样的理解与认识，根据专家分析，其中存在三个误区。

误区一：人人都需要排毒。现在购买和服用排毒药品的，很多都属于健康的人。健康的人没有毒，是不需要排毒的。一个健康人在正常情况下应该是阴阳平衡、正气充足的生理状态。人体是一个自我调节的系统，有进有出保持平衡。我们每个人每天除了通过排便来排出体内废物外，出汗、呼气、分泌唾液、呕吐等都可以排毒。体内可以通过肝脏将血液中的有害物质变成无毒或低毒物质，通过肺排出二氧化碳，通过肾脏以尿液的形式将毒素排出体外，维持人体的代谢平衡。所以，大多数人只要精力充沛、饮食睡眠正常就不需要再排什么毒。

养成良好的生活习惯可以避免体内毒素的产生，比如每天定时排便，不挑食，注意休息和锻炼等。现在许多女孩子不好好吃饭，不好好睡觉，又不爱锻炼，当然容易便秘、脸上长痘了。身体出了些小问题，不想着调节饮食起居，以为吃些排毒药就行了，这是完全不对的。

误区二：排毒药能治便秘。很多人便秘就吃排毒药，有些人靠排毒药来维持排便顺畅。值得注意的是，排毒药固然能暂时缓解便秘，但不能单纯靠它来治疗。

从生理的角度讲，导致便秘的原因很多，可能是因为饮食中缺乏粗纤维、运动太少，也可能是一些肠胃疾病或肠道病变造成的，或者一些内分泌疾病如甲状腺功能低下也会导致便秘。其实只要多吃蔬菜水果，适当运动，保证睡眠，情况就能逐渐得到改善。如果严重便秘，应该到正规医院就诊而不是乱吃排毒药。

误区三：排毒能养颜。人的气色失常是一种症状，颜面不好的原因很多，不是排毒一种方法所能解决的。如有的人面色萎黄，可能是由于贫血造成的，这时候就应该补血而不是排毒。所以，排毒与养颜之间并没有必然的联系。中医讲“胃主面”，即人的气色好坏与胃有关，所以养颜应先养胃而不是排便，通过排泄来美容，无异于舍本逐末。不管是中医西医，都十分肯定一点，每种毒都有针对它的药方和治疗方法，绝不存在一种包排百毒的药。

消费警示：小心落入虚假排毒产品广告陷阱

近年来，为身体“排毒”已经成为现代都市人们的一种保健时尚，市场上标称具有排毒功能的产品不断涌现，打开报纸，整版整版的宣传排毒功能的产品广告扑面而来。这些广告宣传也充满着诱惑。

然而，一些消费者反映，受到广告的吸引，购买了部分声称具有排毒、美容等功能的产品，按使用说明使用后，却并没有产生产品宣传的清除毒素、美容养颜等效果，而厂家还推脱说是人体质差异所致，消费者因此怀疑这些产品并不具备排毒、美容等功能。

广东省消委会曾经收集了十几种标称具有排毒功能的产品，对其广告和有效成分进行分析，发现一些市场上宣传的标称具有排毒功能的产品广告违法、违规现象较为普遍，其主要表现在：

一是普通食品在广告中宣传排毒养颜、润肠通便等功能，或借助宣传某些成分的作用明示或者暗示其保健作用，超出食品或保健食品批准范围对产品进行扩大、夸大宣传。这类现象最为普遍。按照广告管理规定，普通食品、新资源食品、特殊营养食品广告不得宣传保健功能，也不得借助宣传某些成分的作用明示或者暗示其保健作用，如某一产品虽获特殊食品批文，却在广告宣传、产品说明中宣传其产品具有“养颜排毒”功能，甚至号称具有药品的疗效，如“对便秘、胃病、综合疲劳症等非健康群体具有明显效果，且即日见效”，严重超出了食品广告宣传范围。

二是保健食品暗示具有治疗作用和排毒功能。如一些经过卫生部批准的保健食品，其批准的保健功能为“改善胃肠道功能（润肠通便）”，却在广告中处处宣传其所谓排毒功能，而在这些产品包装上标称的卫生部审批的功能上并没有排毒功能，卫生部也从来没有批准过这种功能，所谓的排毒功能是这些企业的扩大宣传行为。部分这类保健食品还宣传具有美容功效，擅自扩大宣传范围。

三是在广告宣传上含有不科学地表示功效的断言或保证，部分食品在广告宣传中存在有不科学地表示功效或保证的表述。如宣传该产品可“彻底摆脱便秘的烦恼”、“既彻底清除人体内的毒素又安全快捷”等。

四是部分产品广告中出现了贬低同类产品的现象。如广东某保健品公司生产的芦荟茶，仅有食品批准文号，在宣传芦荟、菊花成分具有“排毒美容、降火通便”等功能，快速排毒一天见效的同时，还称“芦荟、菊花配方提高了芦荟排毒美容的药用功效，技术先进功效更强，所以芦荟茶优于其他芦荟产品”，不仅超出了食品广告宣传范围，还出现了贬低同类产品的现象。

五是利用新闻报道形式进行广告宣传。

六是广告中以医疗机构、医生、专家、消费者的名义为产品作证明。

鉴于市场上标称为排毒类产品的广告虚假、夸大宣传现象严重，广东省消委会特别发出2006年第3号消费警示，提醒消费者注意明辨排毒类产品广告宣传，避免落入虚假排毒产品广告陷阱。

广大消费者在购买标称有排毒功能的产品时要注意，该产品是药品还是食品，排毒药品具有经过检验的排毒疗效，而许多食品广告标称的“排毒”功能却没有经过国家有关部门的审查和批准，消费者还应仔细阅读产品说明书确定有无国家审批的排毒功能，切不可轻信宣传单和广告的虚假宣传内容，如发现广告上宣传标注的功能与产品外包装上标注的功能不一致，请小心购买。

专家眼中的“排毒”

多数人并不知道“毒”到底是什么，正确认识它才能防止胡乱进行药物排毒。“毒”是健康的杀手，但很多人以为“毒”就是大便不通畅。这是一种偏见。所谓的“毒”，包括两部分：代谢毒和环境毒。

代谢毒用通俗的话来讲，就是体内该排出而未排出去的东西，该流动而未流动的东西。第一种，便秘时人会不舒服，精神、容貌自然会受影响，这可以称之为“毒”；还有就是该流动而未流动起来的东西，譬如血液，中医认为血液应该按照其应有的规律流动，发挥其滋润、濡养等作用，当其无法正常流动的时候，就成了“淤血”，会导致疾病的发生，这也是“毒”。

环境毒则包括空气、水源和噪音等的污染，而在当前更重要的是不良的生活方式对身体造成的负担过重。譬如，摄入高热量的食品、运动少、精神压力大等，这些都可以算是“毒”。

排毒不可陷入误区

有了健康才有美。很多美容方面的问题都是疾病的表现，至少是亚健康状态。譬如常见的面部色斑，很可能就是内分泌失调。其他的如肥胖、体味大、口臭、脱发、痤疮等，都是身体机能失衡的表现，千万别想着一蹴而就。美容应该通过综合调理来达到目的。美容的过程实际就是治病的过程，排毒只是其中的一种方式。

就拿便秘来说，引起便秘的原因有很多，并不仅仅是体内热盛引起的，很多虚证患者也会便秘，假如一味凭说明书使用产品，结果只会适得其反。

排毒方法因人而异

既然“毒”的种类各式各样，那么排毒的方法也得有的放矢才能奏效。中医通过辨证分析，采用清热祛湿、活血化瘀、理气化痰等方法进行综合调理，恢复机体平衡，从而达到养生、驻颜的目的。比如同样是因为肥胖就诊的患者，由于个人体质的不同，中医会开出不同的处方，这是单一的产品很难做到的。从饮食、运动、心理方面建立健康的生活方式更加重要，这更多得靠自己调节。

研究表明，良好的健康状态及寿命的延长与七项基本的健康行为密切相关。这七项基本的健康行为包括：每天进行正常规律的三餐，不吃或少吃零食；每天吃早餐；每周做 2～3 次适度的运动；适当的睡眠；不抽烟；维持适当的体重；不喝酒或少量喝酒，始终保持健康生活方式。同时要注意做到：绝不使用烟草的任何制品，不吸、不嚼、不嗅；把食用脂肪降低到热量的 20% 以下，或仅吃那些既不易致癌又不易引发心脏病的脂肪即单不饱和脂肪，如橄榄油。一周食用几次鱼油；不要胖，根据能量需求调整摄入总量；增加谷类纤维食品；较多地吃蔬菜、大豆制品、水果，它们是维生素、抗氧化剂、抗致癌物质、无机盐与纤维的良好来源；不吃盐渍咸菜、腌腊熏制的食品；大力限制油炸、烧烤食品，或者在这类食物烹调之前为了防止致癌物质的生成加上一次“预处理”；增加钙与镁的摄入，吃低脂、去脂乳制品、奶或酸奶、某些多钙的蔬菜；含酒精成分的饮料适量限制；每天喝下1～1.5升水，或其他流体。茶含有抗癌的抗氧化剂；有规律地进行体育锻炼，但要在体检监督下进行，要有正常血压、正常血清胆固醇的值，保证心血管的畅通无阻才可系统锻炼。

身体、食品与排毒

嘴里的溃疡、额头上的痘痘、上厕所的时间越来越长，殊不知你身体的“毒债”已经超标了。关于排毒我们已经听得太多，你准备如何化解毒素危机，靠药物、洗肠、还是手术？其实，人体自有一套动态、立体、完善的排毒系统，只要给予它们充分援助，你就能打一场漂亮的“排毒战役”！

大脑

大脑虽不是直接的排毒器官，但精神因素明显影响着排毒器官的功能，尤其压力和紧张会制约排毒系统运作，降低毒素排出的效率。

援助方案：保证充足的睡眠，放松心情，给大脑减压。

胃

胃的主要功能虽然是杀死食物中的病原体并消化食物，但偶尔也兼职排毒，通过呕吐迫使体内毒素排出。

援助方案：不要空腹吃对胃刺激大的过酸、过辣的食物。

尽量规律用餐，保证胃的健康。

淋巴系统

淋巴系统是除动脉、静脉以外人体的第三套循环系统，充当着体内毒素回收站的角色。全身各处流动的淋巴液将体内毒素回收到淋巴结，毒素从淋巴结被过滤到血液，送往肺脏、皮肤、肝脏、肾脏等被排出体外。

援助方案：每天洗 10～15 分钟温热水浴，以促进淋巴回流，天冷时可每天用热水泡脚代替。

眼睛

对于女人，尤其是爱哭的女人，眼睛的排毒作用发挥得淋漓尽致。医学专家证实，流出的泪水中确实含有大量对健康不利的有毒物质。

援助方案：很少流泪的人不妨每月借助感人连续剧或切洋葱让你的泪腺运动一次。哭完后别忘了补充水分。

肺脏

肺脏是最易积存毒素的器官之一，因为人每天的呼吸，将大约 1000 升空气送入肺中，空气中漂浮的许多细菌、病毒、粉尘等有害物质也随之进入到肺脏；当然，肺脏也能通过呼气排出部分入侵者和体内代谢的废气。

援助方案：空气清新的地方或雨后空气清新时练习深呼吸，或主动咳嗽几声帮助肺脏排毒。

肝脏

肝脏是人体最大的解毒器官，它依靠奇特的解毒质 P450 对食物进行加工处理，将食物转换成对人体有用的物质，然后吸收，但食物中的某些毒素却可能留存下来。

援助方案：练习瑜伽。瑜伽是顶级的排毒运动，通过把压力施加到肝脏等器官上，改善器官的紧张状态，加快其血液循环，促进排毒。

皮肤

皮肤受“内毒”影响最明显，但也是排毒见效最明显的地方，是人体最大的排毒器官，能够通过出汗等方式排除其他器官很难排出的毒素。

援助方案：每周至少进行一次使身体多汗的有氧运动。

肾脏

肾脏是人体内最重要的排毒器官，不仅过滤掉血液中的毒素通过尿液排出体外，还担负着保持人体水分和钾钠平衡的作用，控制着和许多排毒过程相关的体液循环。尿液中毒素很多，若不及时排出，会被重新吸收进入血液中，危害全身健康。

援助方案：充分饮水。充分饮水不仅可稀释毒素在体液中的浓度，还可以促进肾脏新陈代谢，将更多毒素排出体外。特别建议每天清晨空腹喝一杯温水。

大肠

食物残渣停留在大肠内，部分水分被肠粘膜吸收，其余在细菌的发酵和腐败作用下形成粪便，此过程会产生有毒物质，再加上随食物或空气进入人体的有毒物质，粪便中也含有大量毒素。和尿液一样，若不及时排出体外，毒素也会被身体重新吸收，危害全身健康。

援助方案：养成每日清晨规律排便的习惯，缩短其在肠道停留的时间，减少毒素的吸收。多吃粗纤维食物可以促进肠蠕动，防止便秘。

天然食品健康排毒计划

为身体搞一次大扫除还真不容易，不但要避免错误的做法，连排毒的部位都要分别攻克，才能够顺利排毒，物到毒除。

助肝排毒

肝脏是重要的解毒器官，各种毒素经过肝脏的一系列化学反应后，变成无毒或低毒物质。我们在日常饮食中可以多食用胡萝卜、大蒜、葡萄、无花果等来帮助肝脏排毒。

助肾排毒

肾脏是排毒的重要器官，它过滤血液中的毒素和蛋白质分解后产生的废料，并通过尿液排出体外。黄瓜、樱桃等蔬果有助于肾脏排毒。

润肠排毒

肠道可以迅速排除毒素，但是如果消化不良，就会造成毒素停留在肠道，被重新吸收，给健康造成巨大危害。

魔芋、黑木耳、海带、猪血、苹果、草莓、蜂蜜、糙米等众多食物都能帮助消化系统排毒。魔芋是有名的“胃肠清道夫”、“血液净化剂”，能清除肠壁上的废物。黑木耳含有的植物胶质有较强的吸附力，可吸附残留在人体消化系统内的杂质，清洁血液。海带中的褐藻酸能减慢肠道吸收放射性元素锶的速度，使锶排出体外，因而具有预防白血病的作用。猪血中的血浆蛋白被消化液中的酶分解后，产生一种解毒和润肠的物质，能与侵入人体内的粉尘和金属微粒反应，转化为人体不易吸收的物质，直接排出体外，有除尘、清肠、通便的作用。草莓含有多种有机酸、果胶和矿物质，能清洁肠胃，强固肝脏。

其他食物

芹菜：经常食用可以刺激身体排毒，改善睡眠。

苦瓜：苦味食品一般都具有解毒功能。女性多吃苦瓜还有利经的作用。

绿豆：绿豆味甘性凉，自古就是极有效的解毒剂，主要是通过加速有毒物质在体内的代谢，促使其向体外排泄。

茶叶：茶叶中的茶多酚、多糖和维生素C都具有加快体内有毒物质排泄的作用。特别是普洱茶，研究发现普洱茶有助于杀死癌细胞。

牛奶和豆制品：所含有的丰富钙质是有用的“毒素搬运工”。

7日饮食排毒疗程

下面是专家推荐的“7日饮食排毒”疗程。因为体内毒素使血液氧化偏酸、循环不畅，所以此疗程以蔬菜和水果为主，它们多呈碱性，可中和体内过多酸性物质，同时将积累在细胞中的毒素溶解。由于开始一两天人容易感到饿和疲乏，为避免影响工作，建议从周六开始实施此疗程。

第1~2天：起床一杯温白水、白水加蜂蜜或热柠檬汁；早餐1个水果；上午吃少量干果；午餐1碗糙米饭 + 2份蔬菜；下午喝自制果汁（将1公斤苹果、梨、葡萄、芒果或草莓等水果榨汁后加等量的水。果汁里加水饮用有助于清洗消化道）；晚餐1份蔬菜；睡前补充维生素。开始的一两天很容易感到饥饿，尤其在晚上，建议提早上床睡觉，以免饥饿难忍。如果实在想吃东西，就吃点苹果或葡萄。另外，一整天都要充分饮水，且选择温热的白开水、白开水加蜂蜜或热柠檬汁，不能喝可乐等碳酸饮料，以及牛奶或咖啡。但注意临睡前不要喝太多水。

第3~7天：起床一杯温水、白开水加蜂蜜或热柠檬汁；早餐麦片粥 + 1份蔬菜/1个水果/1份水果沙拉；上午1个水果 + 少量干果；午餐1碗糙米饭/1碗糙米粥 + 2份蔬

菜 + 1 份鱼 + 1 份豆类；下午 1 个水果 / 1 份水果沙拉；晚餐 1 份蔬菜 + 1 份鱼 + 1 份豆类；晚上 1 个水果；睡前补充维生素。制作水果沙拉不要用沙拉酱，可选择苹果汁、柠檬汁或不含牛奶的天然酸乳酪。烹饪用油选择橄榄油，且烹饪过程中不要加太多，也不要使用太多调料尤其是盐，否则可能导致缺钾和闭尿、闭汗。蔬菜能生吃的就生吃，因为生的蔬菜可以提供大量纤维素，有助于排毒。另外注意每天的食物品种搭配尽量丰富。

TIPS：排毒食品黑名单

水果：橙子（酸性太强）、鳄梨、香蕉（淀粉太多，油脂太多）

蔬菜：西红柿、菠菜（酸性太强）

豆类：小扁豆（太易胀气）

干果：花生（淀粉太多、油脂太多）

其他：面包、牛奶或含牛奶制品（不易消化）巧克力、糖（扰乱血糖指数造成食欲过盛）咖啡因、酒精（对胃刺激太大）

日常最简单的五大排毒方法

1. 每天至少喝 2500c. c. 清洁的水

人体细胞 65% 是水分，细胞外也是水。如没有足够水分，细胞没办法正常新陈代谢，出汗、小便都不足够排毒。皮肤可以吸收任何药物，皮肤对药物的吸收率约 40%，因此不可乱涂化妆品。在皮肤上涂药膏，可以在血液中发现 40% 该药的有效成分。另外，心脏病人含舌下药片，是因为舌下口腔黏膜也可吸收药效。

对长期便秘的人群来说，服用一些清体排毒类产品是必需的，但对普通人群来说，只要平时注意科学饮食，一般都能够以人体自身代谢功能，排出毒素。

2. 排便

吃三餐排便 3 次会更好。每天排便 1 次到 3 次成形的大便算是正常的。如把粪便贴在身上皮肤，半天就会使皮肤发痒红肿。因此规律排便对人体健康非常重要。

3. 水疗

可利用蒸气浴发汗排毒，也就是利用人体面积最大的皮肤作为出汗排毒的系统。高血压、心脏病者也可做蒸气浴，若患者感到恐惧，就不要做蒸气浴；因为心理的恐惧会使血压升高，病情重者反而会愈难排汗。

约 130 年前，当时的德国、澳洲很流行蒸气浴，有位医生就拿 1c. c. 正常人的汗，注射到 1 公斤重的白兔身上，一小时后白兔就死了；再拿中风病人的汗 0. 1c. c. 注射到同样体重的白兔身上，一小时后另一员白兔也死了。

另外，最近也有用小白鼠来做同样的实验，以 1c. c. 的正常健康人的汗注入小白鼠的皮下，小白鼠于 1 小时后死去；同样的汗注入另一只小白鼠的腹腔内，不到 20 分钟该只小白鼠就死了。再以中风及癌病患者的汗 0. 2c. c. 注射小白鼠皮下，约 45 分钟小白鼠死亡；注射到腹腔内更快，小白鼠不到 15 分钟就死亡。

4. 按摩

按摩背部淋巴腺，有助排毒。

5. 运动

运动出汗排毒，是属于主动性的。

排毒最好的方法就是出汗，以运动这种主动方式的出汗排毒为上策，而运动前后也一定要多喝水。水很重要，要多多喝水，才能借由排尿、排汗来排毒。

有医学报导说，当癌症初期的病人身上的致毒物排除之后，癌症就消失了，如补牙时俗称银粉的汞合金所导致的汞毒性在体内过高可引发的癌症。当然也可以用药物、血氧疗法、抗氧化剂等来排毒，这些就复杂多了。这些疗法不可以自己进行，一定要找医生协助，以免使身体受损。简言之，体内的毒素越少，人就越健康、越长寿、越不容易有癌症的发生，也越不容易老化。

睡眠排毒时刻表

21：00～23：00 免疫系统排毒

23：00～凌晨1：00 肝部排毒（需熟睡）

凌晨1：00～3：00 大肠排毒

早上7：00～9：00 小肠大量吸收营养

人体的排毒过程：

午夜浅眠期

00：00～01：00 多梦而敏感，身体不适者易在此时痛醒。

凌晨排毒期

01：00～02：00 此时肝脏为排除毒素而行动旺盛，应让身体进入睡眠状态，让肝脏得以发挥代谢废物的作用。

凌晨休眠期

03：00～04：00 重症病人最易发病的时刻，常有患者在此时死亡，熬夜最好勿超过这个时间。

上午精华期

09：00～11：00 此时为注意力及记忆力最好，是工作与学习的最佳时段。

中午午休期

11：00～12：00 最好静坐或闭目休息一下再进餐，正午不可饮酒，易醉又伤肝！

下午高峰期

14：00～15：00 是分析力和创造力淋漓发挥的极致时段！

下午低潮期

16：00～17：00 体力耗弱的阶段，最好补充水果来解馋，避免因饥饿而贪食导致肥胖。

下午松散期

17：00～18：00 此时血糖略增，嗅觉与味觉最敏感，不妨以准备晚膳来振奋精神。

下午暂歇期

19：00～20：00 最好能在饭后30分钟去散散步或沐浴，放松一下，缓解一日的疲倦困顿。

晚上夜修期

20：00～22：00 此为晚上活动的颠峰时段，建议您善用此时段进行洽谈、进修等需要思虑周密的活动。

晚上夜眠期

23：00～24：00 经过整日忙碌，此时应该放松心情进入梦乡，千万别让身体过度负荷。

爱美之心人皆有之，想让自己永远保持苗条身材，是不少女性朋友的梦想，正是人们的这种渴望，也催生了很多减肥产品，如一些口服减肥药、外用减肥霜、吸脂减肥、针灸减肥、减肥机械等，可以说五花八门、多种多样，层出不穷。原来的减肥产品都以口服为主，现在又发展到打针了。然而，如果过度追求减肥，不讲方法，偏听盲信，原本美好的瘦身梦想却可能让你承受伤痛。减肥五花八门，方法千奇百怪，你可要谨慎选择。

吃减肥产品，一个月反倒变胖20多斤

五一期间，何小姐在电视上看到一则减肥广告，宣称一个月内便能见效，并特别说明广告内容是真人真事。心动的她立刻拨打电话订购产品，满怀期望买来减肥胶囊，第一次买药花了1688元。

从5月2日开始，何小姐尝试服用这种减肥胶囊，并于次日在一家美容店测量体重，测得体重150斤。按照说明书，何小姐一天要吃46粒“药物”：早、中、晚饭前，吃4粒减肥胶囊，3片纤维片；饭后，吃2粒抗衰老胶囊，2粒深海鱼油，3片绿茶片；睡前，再吃2片绿茶片，2粒葡萄籽软胶囊。

除了吃药，她还注意控制饮食。千把块钱的药很快吃完，

虽然丝毫感觉不到自己有任何变化，但她坚信自己会瘦下来。5月20日，她又向经销商订购了同类产品，花了约1000元。第二次的胶囊在一星期左右吃完，她感觉自己身体有点“硬硬的”，但仍然告诉自己要有信心。5月底，她开始有些动摇，并询问经销商。商家告诉她，可能是她情况比较特殊，脂肪堆积过多，需要更长的时间。何小姐再次相信，又于5月29日买了3090元该产品。6月初，每一个看到她的朋友都说她胖了。她终于忍不住，于6月中旬停止服用该产品。此时再称体重，她发现自己体重比服用减肥药前竟足足胖了20多斤，达170多斤！她前后买减肥胶囊总共花了5000多元，并且一直都是按照说明书以及商家的指导服用，但没想到会是这样的结果，吃了一个多月后，非但没能减轻体重，反而胖了20多斤。何小姐和经销商进行过几次交谈，要求全额退款，但对方只答应退款40%，双方未能达成一致。对此，何小姐表示一定要维护自己的权益。

爱美女孩瘦身不成反得皮肤病

《武汉晚报》曾刊登了这样一则消息，近20天来，钱小姐每天喝20杯咖啡，还从早到晚将保鲜膜紧紧包在身上，这是她在网上见到的偏方：咖啡能加速新陈代谢，裹保鲜膜能促进排汗，都有助减肥。可钱小姐照方办事，非但未瘦下来，腰腹、大腿上还长了很多红斑，到医院就诊后发现皮肤过敏了。

美容院减肥搞“虚假政绩”体重秤上频做手脚

《武汉晚报》曾报道了美容院减肥搞“虚假政绩”，体重秤上频做手脚的事例。张女士来到一家美容院报名减肥，张女士在美容院称的体重是64公斤，美容技师为她制定了一套减肥计划，并承诺，只需按计划进行，一个月后保证减肥10公斤。一个月后，张女士第8次来到美容院，训练过后，工作人员找来体重秤，请张女士称体重，55公斤！

一回家，张女士就将减肥成功的事告诉了丈夫，“怎么感觉你没瘦多少?”盯着妻子看了半天后，丈夫冒出这样一句话：“你另找地方称称”。果然，张女士再称体重，发现有63公斤，只比减肥前瘦了一公斤。

张女士来到她本人所在地的工商分局投诉这家美容院。该院负责人承认：为证明减肥效果，店方在秤盘上确实做了手脚。该美容店因涉嫌欺骗消费者，被处以2000元罚款。

减肥并不等于减体重

肥胖对身体是有害的，许多人也认识到了这一点，因此，为了有健康的身体，许多肥胖的人都在减肥，这无可厚非。但很多人往往将“减肥”与“减体重”等同起来，其实这并不科学，专家们也修正了这一看法。

专家指出，大多数肥胖属于单纯性肥胖，是由于摄入过多的高热量食物而运动消耗不够，导致脂肪多余聚积引起的，减肥就是减掉这些多余的脂肪，尽管一些人看起来体重超常，但并没有多余的脂肪，也就没有减肥的必要。如一些举重、投掷项目运动员，肌肉发达、身体超重，可并不算肥胖，也没有减肥的必要；尽管一些人体形瘦小，体重正常，但体内却含有多余的脂肪，那么这些人就有减肥的必要。他们如果不减肥，因肥胖而导致的一些疾病，就有可能在他们身上发生，因此可以看出，体重与胖瘦也不完全成正比，单纯将体重作为减肥标准，通过减少或大量消耗体内水分与蛋白质同样可以达到，但过后体重又会反弹造成“假性减肥”。也会出现该减肥的没有减肥，不该减肥的却减肥的情况。正确的减肥应通过降脂来实现，传统药物方法减肥，减掉的大多是蛋白质和水分，停用后，大量水分和营养物质回到人体导致体重回升。由此可见，减肥首先应当减脂。

减肥途径看重两条

在我国，随着生活水平的提高和超重、肥胖患者的增多，减肥已成为社会关注的热点。保持一个苗条的身材、线条优美的体形，就要减肥。要减肥，首先要了解什么是肥胖，当体内脂肪积聚过多，体重超过标准体重的 20% 以上则为肥胖。要防治肥胖，还要了解产生肥胖的原因。

身体发胖的原因很多，通常可分为单纯性肥胖和继发性肥胖。单纯性肥胖最为常见，多由于进食量过多而消耗又少的缘故。当进食热量超过机体的消耗，多余的物质，主要转化为脂肪储存在各器官组织内及皮下，使人发胖。如果每天脂肪的吸收比体力消耗的支出多 15 克时，则每月体重可增加 0.5 千克，每年体重则可增加到 6 千克左右。男性脂肪多沉积在腹部，便有大腹便便之说，女性多堆积在乳房、臀部、腹部和大腿上部。肥胖者大多有怕热多汗、动辄易喘易疲劳，还容易患高血压、冠心病、高血脂症、糖尿病和胆结石等疾病。肥胖后增加人体各器官的负担，成为加速衰老的原因之一。继发性肥胖是由于其他神经或内分泌疾患引起的，如脑部损伤、炎症或肿瘤，导致下丘脑或垂体病变时引起的肥胖。又如肾上腺皮质功能亢进、性腺功能不足、甲状腺功能低下等均可使人发胖。因此，是否患肥胖症要请专科医生检查，明确肥胖的原因和性质，若为单纯性肥胖，可采取适当的减肥疗法进行减肥，若是继发性肥胖则应先治疗原发性疾病。

肥胖的最根本的原因，一般来说，是营养吸收大于体力消耗（支出）的问题。可以发现：要减肥人体就要少吸收、多支出。由此，得出两种基本的减肥方法：

第一种是节食，用节食来控制对营养物质的吸收。

第二种是靠体力活动消耗能量物质，达到减肥的目的，那便是体育锻炼。如甩脂减肥。

话说起来简单，可做起来不易，而且还容易偏激。要达到健康有效的减肥，最好的方法是把适度的体育锻炼和适当节食、控制吸收两者结合起来进行。

肥胖的种类不同，减肥的方法也不同，而每一种减肥方法又各有其特点、要求和注意事项，但是，不管怎样，有几点具有“共性”的减肥原则在减肥过程中必须遵守。

一是持之以恒，坚持不懈

减肥必须保持经常性和系统性，不管选用哪种减肥方法，都要有“面壁十年图破壁”的决心，持之以恒，不能“三天打鱼，两天晒网”。国内外凡是减肥卓有成效的人，他们共同经验是贵在经常、持久而不间断。只要选择了合适的减肥方法，制订了减肥计划，就要坚持执行，不受任何因素干扰。如节制饮食，在家、在外（出差）要一个样，不能在家节食，在外大吃大喝。又如体育锻炼等减肥方法，认为少作 1 ~ 2 次没有什么关系，不会影响减肥效果，那样没有恒心和决心是收不到应有减肥效果的。减肥不仅是形体的锻炼，也是意志和毅力的锻炼。

二是循序渐进，计划适度

选择合适的减肥方法后要制订适度的减肥计划，要根据不同程度的肥胖制订相应的减肥计划。如采用体育减肥，是通过体育锻炼达到减肥的目的，因此要掌握运动量的大小，尤其是重度肥胖、体质较差的人更要注意。运动量太小则达不到锻炼的目的，起不到减肥作用；运动量太大则超过了机体耐受的限度，反而会使身体因过度劳累而受到损害。其他的减肥方法也是一样，计划要适度，先易后难，由简到繁，先轻后重。因此，采用各种减肥方法强调适量不疲，循序渐进，量力而行，不可急于求成，操之过急则往往欲速而不达。

三是检查效果，修订计划

减肥前的“基础”检查和减肥后的“成果”检验，是两项十分重要的工作。只有通过减肥前系统的血压、心率、体重、胸围、腹围、心电图、肺活量以及心肺、消化等各器官功能的检查测定，充分了解肥胖者的“健康”状况，才能选择合适而有效的减肥方法，制订合理的减肥计划。经过一段时间的减肥治疗，再请医生协助进行系统的全面复查，并与减肥前身体的“基础”情况对比，有利于分析和鉴定减肥效果，调整或修改原订的减肥方法和计划，以进一步提高减肥疗效。

减肥既简单又深厚

说减肥简单，是因为大家都知道一些减肥方法，或者试过几种减肥方法，对减肥略知一二，或有一定的研究，减肥在当今的生活中已很常见，报纸、电视上也经常见到。

说减肥深厚，是因为减肥不能完全停留在表面：说节食减肥，节食会饿，一饿就暴饮暴食，暴饮暴食就反弹。

节食，从原理上来说就是要适当控制饮食，足吃足喝、酒足饭饱是不能减肥的，若猛吃猛喝，也是没有办法减下来的，只有适当控制饮食才能减肥。那怎样才算适当控制饮食呢？适当控制饮食，概括地讲，就是生活要有规律，吃个七八分饱，肚中要留有余地。具体要从生活饮食习惯，吃的时间、吃的数量、质量和品种等方面来综合考虑。

减肥不等于美丽

营养学专家指出，当前在减肥的问题上存在某些误区。正确认识这些对我们制定减肥计划，科学减肥大有好处。

误区之一：单纯依靠减肥药或减肥食品。有些人不懂怎样预防肥胖，一胖了就吃减肥药或减肥食品。有的人挨个试用了各种减肥药、减肥食品，体重还是减不下来。殊不知减肥需要采取综合措施，包括平衡膳食、合理运动和药物治疗，减肥药应在医生指导下使用。就是用减肥药也应同时注意平衡膳食、合理运动，否则难以奏效。

误区之二：对减肥存在不正确的认识。有的人认为胖了就不可能减下来，不在意，任其自然发展，不清楚肥胖会导致高血压、心脑血管疾病、糖尿病等多种严重危害健康的慢性疾病。也有的人不是为了防病保健减肥，而仅仅是为了外表美观减肥。有些女孩子本来体重正常还一味要“减肥”，以为越苗条越好，以至减到正常体重以下，殊不知体质指数在正常范围以下的人患高血压、冠心病的危险也会增加。这些慢性病的发病与体重的关系呈 U 形曲线，超重或太瘦，发病的危险都会增加。

误区之三：不懂什么是合理平衡膳食，以为少吃就好。平衡膳食的关键是热量摄入不要超过消耗。吃得太少，蛋白质、维生素等营养物质摄入不足，会造成营养不良，也对身体不利。如果体重持续增长，就说明摄入热量大于支出了。有的人吃得不多，但体重仍在增长，这种情况下需要加强运动，如每天走路半小时以上，或是通过游泳、爬楼梯等运动方式加大热量支出。运动不仅可以消耗热量，也是保持全身各个器官健康的重要措施。

还有的人误以为少吃粮食就能减肥。实际上粮食对健康是非常重要的。在平衡膳食中，从数量来说，谷类是基本的组成，谷类食品所提供的热量，应占人体摄入总热量的60%。谷类食品还是人体所需膳食纤维、B族维生素等的重要来源。美国医学家格温纳普做过一个试验，对34名用节食办法而未能控制体重的肥胖病人进行了行走法治疗，每天步行30分钟，一年后其中11人的体重都明显降低了，平均每人体重减少了22磅。

采用单纯节食的办法确实也能减轻体重，但研究证明在所丧失的体重中，非脂肪组织丧失占65%，而脂肪组织丧失仅占35%。另有一个美国医学家格林，研究了350例肥胖病患者，发现其中因缺少运动造成的肥胖者占67.5%，而有增加食物摄入历史的只有3.2%。

根据上述研究情况，采用以健身活动为主，而适当控制饮食（或节食），以减轻体重、消除脂肪和增长肌肉，是比较理想的办法。

纠正减肥的十大谬误

谬误一：不吃饭只吃菜就可以减肥！

大错特错，这是最常见的谬论，虽然一碗白饭跟三两肉的热量相等，但是三两肉含15克脂肪质，相反白饭却几乎没有脂肪，而且在烹煮肉类时大多会使用油，所以三两肉的脂肪质15克，白饭则主要是淀粉，可被分解成糖分，为身体提供能量,比肉类更容易被运用。至于有人指出在同一餐内不要同时吃饭和肉类,便可以有效减肥,这也是一个错误的观念。营养师认为这种论调根本没有实际理论,基本上不论午餐净吃肉或晚餐净吃饭,最终一天内所吸收的碳水化合物和蛋白质是同等的。

谬误二：吃肉可以减肥

错！营养师指出这方法极不均匀，因戒吃碳水化合物通常会缺乏纤维及一些矿物质，容易导致便秘及营养不良。而且吃肉等高蛋白质饮食，通常含过多的脂肪及胆固醇，可影响心血管健康。而且最坏的副作用是会令身体大量产生酮酸，会引致反应迟钝、头疼、作闷及口臭等情况，长期如此会影响肾脏，甚至造成永久伤害。吃肉减肥法只会令身体失去水分，并非去除脂肪，减重只是假象，体重很快就会回升。营养师指出减肥时要避免吃肥肉，但是也要吃适量瘦肉，因为肉类含对身体有益的蛋白质。

谬误三：蔬菜热量低，减肥时可以大量代替饭和肉，又饱又不怕胖

错！很多人都以蔬菜餐或蔬菜汤在减肥时作主要粮食，认为不会胖又可以吃饱。但营养师指出这是一个极为不健康的减肥法，纵然蔬菜热量低，但是大量进食，不但会让营养失去平衡，更会导致胃口变大，而胃口一旦变大，就很难再恢复，当日后停止以蔬菜做主餐时，就很容易感到饥饿，继而找别的食物代替，最终导致体重回升，所以营养师认为：减肥最重要的是控制胃口，而不是以其他低卡路里食物代替。

谬误四：俗语说“饭后果”，饭后吃水果可快速带走餐中所吸收的油分

错！这是一个错误的观念，其实饭前吃水果比饭后吃水果更好，医学家指出，食物进入胃部需要长达1到2小时的消化过程，才慢慢进入小肠，而饭后吃水果，食物会被阻滞在胃中，长期如此可导致消化功能紊乱。相反饭前吃水果，维他命C可在肠中帮助消化肉类的铁质，又可使胃口略减，相对来说正餐也可吃少一些。

谬误五：吃粟米油及芥花子油不会长胖

错！一般人认为芥花子油和粟米油取自植物，就会比花生油和牛油卡路里低，适合在减肥的时候作烹饪用，其实这是一个错误观念，因为从营养的角度来说，100克动物油和同重量的植物油同样含有900多卡路里，只是植物油的胆固醇较低，对健康比较有益，所以减肥时，还是减少以油制品烹饪食物，如煎炸等，应改为蒸灼等方法。

谬误六：戒烟会发胖

错！很多人认为香烟中的焦油，尼古丁有助于热量快速燃烧，所以一旦戒烟就会发胖，但是其实这是心理作用，一般人在戒烟之后之所以会胖，是由于吸烟令人味觉敏感度减低，对食物兴趣相对减少，但戒烟后食欲和嗅觉都会恢复正常，对食物产生兴趣，胃口变好，再加上习惯问题，长时间有烟在手，一旦没有烟抽了，很自然就会找零食代替，自然就会发胖。

谬误七：喝咖啡可以减肥

一般正确。营养师指出咖啡因的确可以加速脂肪分解，令脂肪酸由脂肪组织游离进入血液中，但其实还要靠肌肉运动才能将这些脂肪燃烧，否则的话，会返回脂肪组织中，让脂肪重新聚集，所以喝咖啡后还需要加上运动才能真正发挥减肥功效，而一项研究发现，要达到以上效果，平均每天需要喝八杯咖啡，如果每天喝这么多咖啡，一定会令人长期失眠，体重自然下降，加上咖啡有利尿作用，过量饮用会导致身体缺水，机能必定大打折扣。

谬误八：喝醋和吃西柚有助消脂

很多减肥人士都误以为西柚及醋的酸味具有消脂功效，但直至现在还没有足够的研究证实这一点，营养师反而指出，过量进食醋和西柚会使胃部不适，尤其是醋，千万不要乱试，而且一个西柚含有 80 卡路里，相当于三碗饭，多吃一样会胖。

谬误九：做运动可以有效减肥

错！其实运动消耗的热量有限，比如游泳，每小时每公斤体重只可消耗 10 卡路里，相对地少吃一块肥肉，比运动一小时更有效果，开始减肥时必须控制饮食，待体重减轻速度变慢时，就要靠运动来加速减肥效果，所以运动的成效是比较后期的。

谬误十：不吃早餐或晚餐可以减肥

这是一个比较取巧的问题，营养师指出，其实一个人每天只要所吸收的能量比身体所消耗的少就可以减重，相反，若一天只吃早餐或者晚餐，两餐相隔时间过久，容易造成过度饥饿的情况，反而令晚餐吃得更多。

教你几招瘦身法

减肥真有那么难吗？不妨试试下面几种轻松瘦身的减肥方法。

加快新陈代谢

新陈代谢是体内最好的“脂肪燃烧器”，它可以成为你最好的“瘦身同盟”，却也可能成为最可恨的敌人，这全取决于你的做法。

大多数人体重减轻的时候失去的除了脂肪之外，都还有一定量的非脂肪物质（主要是肌肉和水分）。瘦身专家提醒说：如果人们单靠减少进食来减轻体重的话，体重减轻时失去的大部分都是肌肉和水分，而体重反弹时，却主要都是脂肪。这样循环几次，人只会变得更胖。

美国近期公布了一项纤体计划，不需复杂的减肥食谱、昂贵的健身器材和严格的个人导师，参加者只需稍微改变生活方式，即可取得不错的效果。其措施包括：每天多饮一杯清水；爬楼梯而不乘电梯；每天吃早餐；每天增加运动量 5 分钟；每天吃 6 小餐，而不是 3 大餐；以健康的零食代替垃圾零食；以清水代替汽水；每天做伸展运动 3 至 5 分钟；避免吃煎炸食物；以运动而非吃食物来舒缓精神压力；以少分量代替超级分量的食物；少吃糖。

五种蔬菜汁，不瘦都不行

胡萝卜汁。每天喝上一定数量的鲜胡萝卜汁，能改善整个机体的状况。胡萝卜汁能提高人的食欲和对感染的抵抗力。哺乳期的母亲每天多喝些胡萝卜汁，分泌出的奶汁质量要比不喝这种汁的母亲高得多。患有溃疡病的人，饮用胡萝卜汁可以显著减轻症状，胡萝卜汁还有缓解结膜炎以及保养整个视觉系统的作用。

芹菜汁。芹菜味道清香，可以增强人的食欲。在天气干燥炎热的时候，清晨起床后喝上一杯芹菜汁，自我感觉会好得多。在两餐之间最好也喝些芹菜汁。芹菜汁也可作为利尿和轻泻剂以及降压良药。由于芹菜的根叶含有丰富的维生素 A、维生素 B1、维生素 B2、维生素 C 和维生素 D，故芹菜汁尤其适合于维生素缺乏者饮用。

白菜汁。白菜又称圆白菜，对于促进造血机能的恢复、抗血管硬化和阻止糖类转变成脂肪、防止血清胆固醇沉积等具有良好的功效。白菜汁中的维生素 A，可以促进幼儿发育成长和预防夜盲症。白菜汁所含的硒，除有助于防治弱视外，还有助于增强人体内白细胞的杀菌力和抵抗重金属对机体的毒害。当牙龈感染引起牙周病时，饮用白菜和胡萝卜混合汁，不仅可以为人体供应大量维生素 C，同时还可以清洁口腔。

番茄汁。医学专家认为，每人每天吃上 2~3 个番茄，就可以满足一天维生素 C 的需要。喝上几杯番茄汁，可以得到一昼夜所需要的维生素 A 的一半。番茄含有大量柠檬酸和苹果酸，对整个机体的新陈代谢过程大有补益，可促进胃液生成，加强对油腻食物的消化。番茄中的维生素 D 有保护血管、防治高血压的作用，并能改善心脏的工作。此外，常饮番茄汁可使皮肤健美。番茄汁对上苹果汁、南瓜汁和柠檬汁，还可起到减肥的作用。

黄瓜汁。黄瓜汁在医用价值表上，利尿功效名列前茅。黄瓜汁在强健心脏和血管方面也占有重要位置，能调节血压，预防心肌过度紧张和动脉硬化。黄瓜汁还可使神经系统镇静和强健，能增强记忆力。黄瓜汁对牙龈损坏及对牙周病的防治也有一定的功效。黄瓜汁所含的许多元素都是头发和指甲所需要的，能预防头发脱落和指甲劈裂。黄瓜汁含脂肪和糖较少，是比较理想的减肥饮料。

运动减肥

其实减肥是很简单的，但是很多人不能坚持，减肥最好的方法就是运动，比起吃药的方法来，运动减肥是最有效和最无副作用的，其实每天慢跑半小时，就完全可以保证不会发胖，保持原来很好的身材，要是每天可以慢跑一小时，就可以达到很好的减肥效果。

瘦身智商大测试

如果从事一项积极好动的工作，确实无须再进行锻炼。

错。研究结果表明，人们是否超重的主要因素取决于人们在业余时间从事体育活动的量。你所从事的工作与此关系不大，因此要充分利用自己的空闲时间，争取在下班后或在周末骑自行车远行。

某种食品的标签上所写的“不含脂肪”意味着该产品没有任何脂肪。

错。每份标明“不含脂肪”的食品中都可能含有半克脂肪。这些微量的脂肪能够迅速地在体内积少成多。例如，你下午吃了5小片所谓不含脂肪的饼干，其中可能就含有不显眼的2.5克脂肪。因为脱脂和全脂的同类食品经常含有相同的热量，所以你仍然需要计算自己摄入的食物量和整体热量。

吃一个中等大小的梨和食用两杯西瓜碎丁，两者相比前者可使你保持不饿的时间更长。

对。尽管这两种水果都含有410焦的热量，但梨中含有的纤维质几乎要多3倍，约为4克，是摄取果胶的最佳来源。果胶是一种可溶性纤维物质，可促进饱足感。专家认为，大量摄入纤维质可使你感到饱足。纤维质可使你血糖保持稳定水平，进而有助于防止能量下降和产生饥饿感。苹果（特别是酸性品种苹果）、李子和桃子也都含有丰富的果胶。

尽管有些脂肪有益于健康，但所有的脂肪都同样会对体重产生影响。

错。干果、花生酱、橄榄油中均含有单不饱和脂肪。如果你摄入的大多是这类脂肪，那你就不用太担心自己会长胖，因为你的身体更乐于消耗这种有益于健康的脂肪。而在奶酪和多脂肪的红色肉类中所含的都是饱和脂肪，这种脂肪更容易在体内积存使体重增长。

享受美餐的最佳时间是在锻炼之后，因为此时体内的新陈代谢作用活跃，可迅速将热量消耗掉。

错。专家认为，如果你非常健康而且肌肉丰满，那么在锻炼1~2个小时后，你体内的新陈代谢作用会持续活跃30~45分钟，这是确定无疑的。但你消耗掉的全部多余热量可能还不足以抵消一块薄片巧克力饼干所含的热量。

感到饱胀时才停止进食。

错。在你已吃饱时，你的身体便向大脑发出信号，但你的大脑要用几分钟才能收到这些信号。因此，当你感到饱胀时，你可能早就超量进食了。专家建议，在进餐时应慢慢咀嚼并不时地关注自己的饱胀程度。当你达到没有生理饥饿感的程度但仍还有余地轻松地吃一些其他食品时，就应停止进食。

省掉一顿饭绝非一种明智的节食之举。

错。你不必强迫自己总是一日三餐酒足饭饱，而要听从自己体内发出的饥饿信号，这样就可少摄入418焦的热量。例如，如果你在周末很晚才吃早餐，那你就可不必非要吃午饭，可一直坚持到晚饭时再进餐。饮食专家认为，不要按照正常的逻辑思维定式考虑问题，老是想“我还没有吃午饭呢，一定会因此挨饿的”。相反，要做两次深呼吸并尽力判断自己是否真的饿了，是否迫于生活习惯要让自己进食。

吃得少点胃就会收缩。

错。你的胃不能收缩。研究结果表明，肠胃系统的食欲感觉器官随进食量的不同而变化。当你习惯进食较少量的食物时，较大的饭量会给你一种饱胀的感觉。

针灸减肥不要盲从

女士爱美，天经地义，过于肥胖而想减肥，本来也无可厚非。在形形色色的减肥妙方、减肥灵药中，一直以来，大家普遍认为针灸减肥是安全、稳定、有效的。从理论上讲，针灸减肥是一种绿色减肥模式，方便易行，不留疤痕，本身并没有毒副作用，效果非常明显。然而，问题的关键是，你是否真的在进行正规的针灸治疗，而不是被假针灸所蒙骗。目前的一些针灸减肥场所资质不全，经营极不规范；一些美容院内的针灸"医师"，只经过简单培训就匆忙上阵；大多数针灸减肥附带卖药，而且主要靠"饿"……这饿的滋味可不好受。针灸减肥是一项需要专业水准的有效方法，有必要先搞清楚其医学讲究。

针灸减肥减成厌食症

《楚天都市报》报道过一位张女士的遭遇。张女士到一家美容院进行针灸减肥，不料不仅肥没减成，还落下了厌食症，虽然经过医治已无大碍，但仍时常出现头昏眼花的症状。

扎针是幌子，挨饿是关键

中华网健康频道曾撰文披露某美容院借针灸减肥行骗顾客

的秘密。在进行针灸减肥时，美容院一般会给减肥者制订非常苛刻的食谱。每天处于饥饿状态，对身体的健康不利。在一家针灸减肥店，服务员介绍说，顾客买一套880元的营养餐，就可以享受15天的针灸减肥，至少可以瘦4公斤以上。再看那营养餐，一共30小包，每包40克，刚开始减肥的几天，每天就靠它维持生命。看看顾客的减肥记录，确实每天可以减少0.5公斤至1公斤。可再一看进食记录，除了“营养餐”，就是“桃子3个”、“西红柿2个”之类的水果食谱。一位顾客在减肥的前5天只能吃“营养餐”和几个水果。不妨试一试，只要按照这样的食谱吃它一个疗程，即使不做针灸，想必也能达到减肥的效果。

扎针是招牌，赚钱是目的

《武汉晚报》曾撰文报道，一些美容院，特别是不正规的私人开的针灸场所，往往利用人们对针灸效果的肯定、不怀疑，为了达到赚钱的目的，作出一些坑害消费者的行为。在不同的针灸减肥场所，尤其是在一些私人美容院或诊所，针灸减肥的价格参差不齐。一般的店面当中，有的一个疗程为300元，有的一个疗程为400元不等。而在一些装修高档的美容院里，针灸减肥多至3000元一个疗程不等。各美容院收费不同，据说是因为针法不同，分单穴单针和单穴双针，针法不同，效果当然也不同。

针灸美容诊所附带卖药

一些美容场所一般会介绍说，有些人怕扎针，所以就会根据不同的需求减针，然后辅以一些保健食品，这样效果会更好。并承诺良好的效果，能做到真正的稳、准、狠。而实际上，所谓的特效保健减肥品不过是世面上常见的一些纤维素和螺旋藻类的保健食品。

一位业内人士评价说，“敏感皮肤”、“针灸达不到效果”是一些美容院故意设的陷阱，这样他们就可以为减肥者考虑其他措施，比如制订治疗辅助食谱，服用他们配置的纤维素、螺旋藻类保健品、营养品，这些东西价格奇高，而且不少食品里都含有食欲抑制剂，让你花钱挨饿，自讨苦吃。

“速成针灸师”频频出炉

在一家针灸减肥院外，招收学员的广告常年贴着。在美容院内公示的培训价格表上，根据针法不同，培训的价格分别为8000元到10000元不等，时间均为1个月。“这么短的时间能学会针灸?”如果遇到提问，服务员会说，针灸主要是找准穴位和掌握技术，时间长短只是熟练问题。这样你能相信吗？一些美容院的学员一般只接受过简单的针灸短期培训，就匆忙上阵了。据新浪网健康频道的一篇消息报道，一位不肯透露姓名的医生讲，他是中医药专业毕业生，拥有执业医师执照。曾给这些短期培训班担任过老师，学生大多数来自美容院，有些学生目前自己开办美容院了，有些则在美容院里做针灸。经过短期培训后，学员们都会获得一张结业证书。

针灸减肥需要专业水准

现代医学认为肥胖多伴有内分泌紊乱，各种激素，尤其是胰岛素、性激素、肾上腺皮质激素、瘦素等异常，可通过针灸来调理内分泌，使之趋于正常；另一方面，中医从脏腑辨证分析肥胖主要与肝脾肾三脏的功能有关，通过针灸可以达到调理脏腑，使肝脾肾脏之功能恢复正常。针灸减肥就是利用中医辨证施治的原理，从调整内分泌入手，通过针灸、点穴综合治疗，对肥胖者的神经和内分泌功能进行调整。

针灸减肥一方面能够抑制肥胖患者亢进的食欲，减少进食量，同时抑制患者亢进的胃肠消化吸收机能，减少机体对能量的吸收，从而减少能量的摄入；另一方面可以促进能量的代谢，增加能量消耗，促进体脂的动员及脂肪分解，最终实现其减肥效果。

针灸减肥有时可能针对手三里穴、三阴交穴、风市穴、中读穴进行治疗。这就需要针剂师有一定的专业水平和业务能力。针灸减肥的优势有很多，它无痛感，疗效显著又无须饱尝其他减肥方式可能带来的痛苦，针灸减肥更安全、可靠，是一种对人体无任何损害的减肥方式。专家介绍，针灸减肥是通过刺激经络腧穴来调整下丘脑—垂体—肾上腺皮质和交感—肾上腺髓质两大系统功能，加快基础代谢率，从而促进脂肪代谢，产热增加，使积存的脂肪消耗；进而调整、完善、修复人体自身平衡。

针灸减肥通过扶正祛邪，刺激腧穴，调整经络，达到加强脾肾功能，扶助正气，又通过经络的疏通作用祛除停滞于体内的邪气，不仅能取得整体减肥效果，而且能消除局部脂肪达到局部减肥的目的。

第一，通过针灸减肥能有效调节脂质的代谢过程。肥胖症患者的体中过氧化脂质高于正常值，针灸打通人体减肥要穴后，可以使人体中过氧化脂质含量下降，加速脂肪的新陈代谢，从而达到减肥目的。

第二，可以纠正患者的异常食欲。通过对神经系统的调节，可以抑制胃酸分泌过多，达到不乏力、不饥饿的目的。针灸以后，胃的排空减慢，胃不空了，自然就有饱的感觉，可以不太想吃东西了。

第三，在于有效调节内分泌紊乱。肥胖症患者的内分泌紊乱发生率极高，为什么生了小孩的妇女会发胖，不单是营养过剩，还有生小孩后她的内分泌平衡被打破，引起发胖，女人到了更年期时，内分泌紊乱同样引起发胖。在采用针灸减肥时调节"下丘脑垂体肾上腺皮质"和"交感肾上腺皮质"两个系统使内分泌紊乱得以纠正，并加速脂肪的新陈代谢，因此达到减肥目的。

针灸减肥谨防误区

一些美容院、减肥中心的失实宣传，惹得不少女性兴冲冲跑去针灸减肥。针灸的作用不应夸大，现实生活中还存在不少对针灸减肥的错误认识，这对减肥治疗反而不利。

误区一　效果每日可见

小敏和阿 Ling 相伴到医院针灸减肥，半个月下来，阿 Ling 减了 6 斤，小敏却只减了 2 斤不到，小敏纳闷了，针灸减肥怎么对自己没有效果？医生答：减肥不是减重，而是减脂肪，针灸减肥也是一样道理。超过标准体重越多，一般脂肪含量也就越多，针灸减肥的效果越明显。有的人本身超重不严重，因此减肥的效果也不那么显而易见。减肥效果还与是否全身减肥有关，一些局部减肥如腹部减肥，效果明显但减重不明显是其特点。此外，减肥效果还与脂肪的特点有关，软脂肪减得快而明显，硬脂肪则见效不大。任何减肥方法都须逐步调整，每个人对针灸的反应不尽相同，这需要持续治疗。

误区二　针扎得越多越好

一些美容院、减肥中心一扎就扎三四十针，顾客也感觉针扎得多就是效果好。其实针灸是需要专业知识的，它有章有法，注重选穴，对减肥真正有作用的就那十几个穴位，多的针扎了也没用，若是不小心扎错了位置，可能还会带来不好的后果。

误区三　针灸容易感染

针灸用的针都很细小，对皮肤来说，一般的针灸都是极小的创伤，正常人的机体修复一般很快，如不是因为其他破损感染，除非是贴了嵌针（耳针的一种）须注意避水外，其他的针对日常生活几乎没有影响，洗澡、游泳都不成问题。

误区四　贴耳针时不能洗头

贴耳针时不是不能洗头，而是要注意尽量不要沾湿耳朵。一般的耳针之所以不能湿水是怕胶布失去粘性，若是嵌针，则需要避水，因此可以试着戴上耳套再洗头。

误区五　针灸减肥一劳永逸

针灸减肥是对机体的调整，是需要在反复治疗、不断强化中建立一个新的状态。医生建议，一般需要坚持三个月以上的密集和强度治疗（特别肥胖的则需半年至一年），是一个慢慢调整的过程，当疗程停止后，体重基本上能保持的是一年至三年的正常水平。

美容院经营针灸减肥违法

据卫生管理部门介绍，在美容院里设针灸减肥是法律所不允许的。无论是减肥，还是别的项目，只要用针灸就是医疗行为。针灸减肥使用的是毫针，施针时必须扎入皮肤。根据法律，这种侵入性的、并对人体产生创伤的行为都属于医疗行为。因此，扎针的人必须是持有《医师资格证书》和《医师执业证书》两证的执业医师，扎针的地点必须是在医疗机构内。如果在医院外诊疗，就要经过卫生行政部门批准和备案。

从事中医研究的专家认为，一般研习针灸减肥至少需要5年时间。本科5年后，如果还有研究生阶段的二三年时间就能把针灸减肥掌握得更好。首先，要求医生必须有国家医师法所规定的有资质的行医执照。其次，必须有临床诊断经验和临床操作技能。最后，要求医师对于针刺的手法、技术和医疗等的掌握都要准确。

《执业医师法》中规定美容院不能做减肥。一些美容院速成针灸师对人体解剖知识都不熟悉，穴位下的重要脏器和神经血管的走向也不懂，在减肥中容易出现胃、肝、脾、小肠和腰部等穿刺、肝脏多发穿刺、肝内出血而死亡等。而且《医疗机构管理办法》和《执业医师法》中明文规定美容院是不能做减肥的，万一发生意外，没有抢救仪器和应对的及时处理措施。

在减肥过程中，减肥者可能出现晕针、滞针等现象，要求针灸师能够及时、准确应对并处理各种针刺后的反应，在针灸减肥时，有的速成针灸师没有对银针进行严格消毒或者未使用一次性银针，还可能造成血液病的传播；针刺后引起皮肤发生红点，出现皮炎、皮肤性病变等。艾滋病和肝炎等也都可能发生传染。

擦亮眼睛，谨慎减肥

任何事物都有它的两面性，针灸减肥也不例外。安全、稳定、高效的针灸减肥，经过一些针灸减肥场所的夸大其词、虚假宣传，也让人望而却步。面对市场上形形色色的减肥妙方、减肥灵药，人们在消费的时候，更要擦亮眼睛，多方考察，加以比较，再做决定。除了针灸减肥外，还值得一提的是甩脂机减肥、吸脂减肥以及外用减肥霜等。

甩脂机减肥别存太多期望

“剧烈振动，迅速甩脂，每天只要站上5~10分钟，就能甩掉脂肪，成功减肥。”如今，甩脂机、吸脂机、运动减肥机……价格在1000元至4000元不等的减肥器械充斥着各大药店和健身器械专卖店，“1个月瘦身10斤”的广告铺天盖地。人们不难提出质疑：甩脂减肥真有这么神奇的效果吗？

在减肥过程中使用器械甩脂等一定要明确其减肥机理，不可盲目使用。人的永久性脂肪细胞在出生之后就相对稳定，脂肪个数相对恒定，只是大小会有变化，且脂肪细胞之间空隙一般比较大。用甩脂机等器械减肥，其原理通常是缩小了脂肪细胞的大小和细胞之间的空隙，因此给人感觉像减肥了，其实并没有减掉脂肪总量，因为整个过程并没有燃烧脂肪。这种被动运动是消耗不了能量的，只有当主动运动、体内做功促进新陈代谢后，脂肪才会分解消耗能量。因此，在吸收大量营养物质后，脂肪细胞还有可能恢复到原来的状态，“绝对不反弹”的可能性微乎其微。

实际的效果也表明，甩脂机减肥作用不大。如果长时间接受高频剧烈的外力振动，就有可能引发多种疾病：一些甩脂机一般是将身体局部捆绑起来，通过震颤来达到消耗脂肪的目的，捆绑的肌肉处于僵直状态，尤其是在减腰腹一带的脂肪过程中，很容易造成腰肌等局部肌肉受损；如果采取坐姿减肥，还可导致脊柱肌肉劳损。用一些站式甩脂机甩脂时，剧烈的全身振动还可能影响肠胃的正常功能，抑制胃酸分泌；振动下椎管也有可能发生水肿现象，还可能诱发腰椎间盘脱出症。频率过高、幅度过大还会对人体内脏产生一定冲击，腰腹处内脏分布较多，特别是肾脏易受伤害，使用不当还可能导致肾脏内出血。

甩脂机的原理其实是产生振动促进人体内肠胃的消化蠕动，但脂肪是全身性的，单纯某个部位的代谢加速，对整体而言作用并不大。最好的减肥办法还是合理饮食以及适度的运动。

抽脂减肥也要悠着点

近年来，国内各大中城市有数以万计的人加入“抽脂减肥”的行列，其中女性居多，当然也有肚腩突起的男士，不少身材不错的年轻姑娘也不甘落后，甚至还有不少儿童。面对“抽脂减肥”的狂潮，还有不少人都跃跃欲试。医学专家提醒，想做抽脂手术达到减肥目的的人士要谨慎，还是应该悠着点。

这里，大家要明白几种观点：

1. 抽脂无减肥作用。抽脂手术仅能消除身体某些部位的脂肪，以改善身材曲线为最主要的目标，为顾及身体健康与手术的安全性，并不适合减肥的目的。对于身体过于肥胖者，应该询问医师及营养专家，寻求正确的减肥方法，靠均衡的饮食与适当的运动，来达到减肥而又不危害身体健康的结果，在一些脂肪实在消不下去的部位，可加上抽脂手术的帮助，以达到完美的身材。

2. 抽脂对健康无促进作用。美国的一项最新研究发现，抽脂手术只能帮助人们减轻体重，对由肥胖引起的健康问题如心血管疾病、糖尿病等没有任何预防和改善的作用。抽脂手术只能抽掉肥胖者皮下的脂肪，而这些正是对健康有最小威胁的脂肪。

动物实验显示，内脏中的脂肪堆积才是造成高血脂的元凶，这些深层的脂肪堆积会降低人体对胰岛素的敏感性，增加人们患糖尿病的风险。它们还可能分泌一些能引发炎症的物质，进而引发心血管疾病。这些物质还能直接进入肝脏，使肝脏无法正常控制人体内血糖和胆固醇的含量。抽脂术至多只是一个整形手术，对健康没有任何促进作用。

3. 抽脂容易破坏皮下组织。做抽脂手术的方式是在手术的部位切一小洞，将抽脂管伸入脂肪层，然后利用抽脂机的负压把脂肪吸出。传统抽脂手术是采用高负压抽脂方式，将皮下脂肪吸入抽脂管后，利用抽脂管前后抽动将脂肪刮下再抽出，除了破坏脂肪细胞，也容易破坏其他皮下组织，手术时较容易出血，易产生淤青。术中有时会怕病人失血过多而无法抽太多的脂肪，手术后也比较疼痛，并且，因抽脂管管径较粗，抽脂的部位会受到限制，抽过的部位也容易有凹凸不平的现象。

4. 抽脂手术发生并发症的概率虽小但仍难避免。如果抽脂减肥的过程中就医不当，难免会发生并发症，而一旦出现并发症，很难治疗，有时还会导致肚皮高低不平的情形。据统计，过去五年来，在美国接受由合格美容外科手术医师进行的抽脂术者，大约每5000人中就有1人因手术并发症死亡。国内近年来因不当抽脂手术导致某些并发症甚至死亡的病例也有发生。

减肥不能一抽了之

并非所有人都适合抽脂，抽脂主要适合于那些局部肥胖的人，如女性尤其是产后下腹部脂肪堆积、小腿和大腿局部肥大、臂部脂肪堆积等，而不适于未成年人及老年人。儿童身体发育还不完善，体内脂肪数目不恒定。如果盲目抽脂，不仅可致脂肪反弹，还会破坏儿童的生长周期，危害健康。继发于其他疾病而发生的继发性肥胖，须针对原发病进行治疗，也不属于抽脂术治疗范围。全身重度肥胖、高血压、冠心病、肾功能异常、高血脂、高血糖、肺功能不全的人及凝血功能异常者，属手术禁忌者之列。

因此，做抽脂手术，一定要充分考虑好，并征求专业医生的意见。

减肥人群存在四大误区

有关调查减肥现象的研究发现，我国减肥人群存在四大误区：

误区之一：多数减肥者使用减肥产品的目的是为了保持较好的体型，只有少数人是为了让身体更健康。这说明多数减肥者在减肥目的上存在误区。

误区之二：多数人认为减肥是短时间能做到的事，做不到，就放弃。许多人减肥都希望在一两个月内立即见效，如果减不掉多少，就立即放弃这种产品，更换其他产品。其实，短时间内迅速减肥是不利于健康的。如果是30～40岁的人，能够保持体重不增加就是减肥了。减肥是综合作用的结果，是一个长期过程，减肥产品应该与合理膳食、增加运动结合进行。运动和饮食控制都是减肥的必要辅助。在服用减肥产品的同时，应该每天保证有1小时的中等强度运动，以消耗体内多余的能量。在饮食上要讲究膳食平衡、多样化，而不是单一地不吃主食或不吃肉食。即使是糖，它对于肥胖也是无罪的，但不可吃得过多。

误区之三：选择减肥产品，不问作用机理，而盲目追求短期内能减多少公斤。不了解减肥产品的作用机理就盲目使用是危险的。

误区之四：一部分减肥者认为减肥是自己个人的事，不会考虑请医生帮助制定减肥方案。减肥是一种治疗疾病的过程，为了健康，应该到大医院的减肥门诊就医，应该在医生的指导下进行。肥胖不仅是一个美观的问题，更是一种慢性疾病。对于肥胖的治疗是医生的责任，也必须在医生的指导下进行。一些减肥者不管自己的身体是否超过体重标准，就盲目地使用减肥产品。这是很危险的，有时会带来意想不到的副作用。因此，减肥是一件科学的事，是治疗疾病。该不该减肥是有量化指标的，不能随心所欲。

减肥过程中的迷思

为什么别人只是吃点小素、多做点运动，或是吞几颗药丸，就能挥别肥胖的日子，而自己却是用尽方法，只能任由着体重或脂肪无止尽地向上攀升，最后放弃所有挽救和挣扎的行动……

其实肥胖不是难以解决的事情，而是你不够清楚减肥的游戏规则，因而陷入越减越肥的梦魇，钻在一再复胖的死胡同里找不着出口，快更正大脑里错误的减肥常识吧！根据专家的建议和肥胖的真相，拆解所有减肥的盲点，能更轻松、更有效地减肥。

减去体重，等于减掉脂肪?

错。用了某某减肥方法才两三天，就瘦了两三公斤！当你自信满满地沉醉在变瘦的美梦时，体内多余的脂肪真的不见了吗？还是被你减去的只是水分而已？

真相：人体内有60%的重量是水分，而水分其实是减肥过程里，最容易被消耗的部分，所以可别被某些另类偏方给骗了还沾沾自喜，因为快速减重并不一定代表体内的脂肪变少了，极有可能会因多喝几杯水又迅速“胖”回来。随着医学科技的进步，体重已不再是衡量肥胖与否的唯一标准，体脂肪率被视为是现今更精确掌握健康的指标，且体脂肪的多寡与身材外表没有直接关系，看起来瘦的人，体脂肪不一定就比胖的人少，这需要利用体脂肪器才能有效地检测出来。因此若想清楚知道被减去的到底是什么，或想更明确地拥有健康，以测量体脂肪率的方式评断，绝对比固执于体重机上的那一两公斤，来得有意义一些。

脂肪根本就是个没用的坏东西?

不一定。谈到脂肪，不少女性朋友会闻之色变，害怕脂肪的囤积，会引发恼人的体态问题，破坏体型的曲线美，因此不少女性朋友会对脂肪、卡路里格外地斤斤计较，拒绝任何碳水化合物或含脂肪类的食品。

脂肪其实在人体营养需要中扮演着非常重要的角色，它不但是人体新陈代谢主要的能量来源，而且还是提供发育和维持活动时必要的物质，因此当体脂肪含量不足时，容易出现经期异常，或肌肤粗糙没有光泽的问题。如何得知自己的体脂肪率呢？可使用体脂肪器测量以探究竟，一般女性的体脂肪率，维持在15%～24%间最为标准，倘若你的体脂肪率低于12%或高于32%的话，则要小心身体因缺乏脂肪或者是过多脂肪堆积所造成的疾病问题了。

肥胖是会遗传的?

不一定。在1994年美国纽约 Rockefeller University 的科学家宣布发现，老鼠体内存有肥胖基因。人的肥胖真的是体内那些肥胖基因在作怪吗？还是这一切只是你对于自己会发福的借口呢？

根据遗传学家的说法，基因的确会影响体重，但绝不是发胖的唯一成因，事实上，还有许多证据指出，体重是环境的产物，而大多数人每年身上所多出的一些赘肉，就是基因和环境交互作用的结果。

值得注意的是，体内的某些基因或许会使你容易变胖，但是坐着不动以及放纵自己大吃大喝的习惯，才是将你推离标准体重的罪魁祸首。营养专家指出，造成肥胖的成因里，绝对有一部分与饮食习惯脱离不了关系，例如家族错误的饮食习惯，过度摄取高油脂类或高热量的食物，自然而然会增加发胖的几率，但倘若主动改变饮食习惯、不偏食，并养成良好固定的运动作息，就算体内的肥胖基因真的会作祟，保持健美体态并非遥不可及。

会胖的人，喝水也会胖?

错。如果这是你不想开始实行减肥计划的借口，那么劝你快点找另一个理由吧!

大量补充水分，养成多喝水的好习惯，事实上跟你会变胖、体内的脂肪过高并没有关系，或许刚喝完水的一两个小时内，它的确会造成体重短暂的些许上扬，可是它却是能够加速体内的基础循环率、帮助代谢体内脂肪含量的最佳利器，所以减肥的过程中，千万别怕多喝水会导致发胖，只有水喝得不够多，才是会让减肥效果大打折扣的原因。

经期是瘦身的黄金时段?

错。经常听说在月经来时，即便是狂吃巧克力或喝可可等高热量的食物也无须担心发胖，因为生理周期间会大量失血，趁此机会减肥，效果最显著。

月经来潮期间，体内的基础代谢率固然会提高一些，身体会消耗比平常较多的热量和脂肪，但绝非是跟月经有关，也不代表吃再多的东西，都不会有发胖的危险，而营养师也不建议在身体最虚弱的状态下，进行太过激烈的减肥行为。

另外，进食高糖类的甜食，会让血糖急速上升，虽具有暂时稳定情绪的作用，但当血糖一下降，反而造成更大的落差，导致情绪更不易稳定，而血糖这样忽高忽低的起伏，也会影响体内荷尔蒙的平衡，将引发更多焦虑不安的情绪反应，加剧经期的不适感。针对某些在经期阶段容易发生低血糖或头晕现象的女士，建议可改吃高纤和低糖的全麦制品，或在两餐之间摄取一些富含维他命 B 群的食物，如：牛奶、鲔鱼，即能大大减缓经期不舒服的毛病。

只要勤做运动，就可以百分之百脱离肥胖的梦魇？

不一定。你以为定时去健身房报到做运动，就能够确保永不发胖吗？

多作运动，固然有助于改善体型线条，加强身体的循环代谢，但很多人在运动过后，潜意识会出现补偿的心态，进食中枢也会下达吃东西的指令。

减肥失败六大主观原因

同样是肥胖症，有些人减肥成功了，而有些人却以失败告终，这是为什么？主观原因一般有以下六种情况。

跟广告减肥。不分析自己肥胖的原因，寻找适合自己的方法。广告讲什么减肥方法好就用什么方法减肥；或者是人云亦云，频频擅自更改减肥方法，对减肥过程缺乏认识，因而以失败告终。

凑热闹减肥。凑热闹跟着来减肥，只凭一时的兴趣、一时的热情，免不了出现减肥失败的结局。

减肥急于求成。欲速则不达。太急于减肥成功，往往达不到好的减肥效果。

选定不切合实际的减肥目标。如希望住院一星期能减去7~8千克，未达到自己的理想就终止了减肥。

减肥生效后马上旧态复萌。有人在开始减肥的一个月内疗效明显，此后不够明显时，便丧失信心，又恢复了原来的生活习惯。

缺乏决心与恒心。强调工作忙、学习紧张，三天打鱼两天晒网式的间断减肥，往往也不能成功。

测量标准体重的方法

成人男性体重 =（身高 cm－100）×0.9

成人女性体重 =（身高 cm－100）×0.85

儿童体重 = 年龄 ×2 +8（1.3m 以上的儿童按成年人体重计算）

肥胖的诊断标准

超重

实际体重超过标准体重的 10%～20% 以上；

肥胖病

实际体重超过标准体重的 20% 以上

轻度肥胖

实际体重超过标准体重的 20%～30%；

中度肥胖

实际体重超过标准体重的 30%～50%；

重度肥胖

实际体重超过标准体重的 50% 以上；

极重度肥胖

实际体重超过标准体重的 100% 以上。

世界卫生组织曾对肥胖和超重给出明确的标准，当你的"体重指数"（BMI），$\text{BMI} = \frac{\text{体重（kg）}}{\text{身高} \times \text{身高}}$，超过 25 时，你才算超重；超过 30 时，才算肥胖。比如，一个身高 1.6 米的人，体重在 48～64 公斤之间都应算健康，超过 64 公斤才算超重，达到 78 公斤体重才能算做肥胖。身高 1. 75 米的人，体重达到 77 公斤才算超重，达到 94 公斤才算肥胖。

染发、烫发潜藏着危险

恋爱，即使不能轰轰烈烈，也要认认真真。染发、烫发就像是一场恋爱，无论你想要的是什么效果，都不能随便马马虎虎，真的是要经历九九八十一关，才能获得最后的圆满。所以染发、烫发不仅要有耐心、信心，而且更要谨慎小心。对于大多数消费者来说，关心的只是染发、烫发的效果，却对染发剂、烫发液的成分及质量关注不够。作为能改变头发颜色和形状的特殊化妆品：染发剂、烫发液的选用不能掉以轻心。不论是质量合格的染发剂，还是质量过关的烫发液，都不能经常使用，染发剂、烫发液中普遍存在一种化学成分，这种化学成分对人是有害的，轻者使皮肤瘙痒难耐、脱发，重者出现白血病，导致生命的危险。

染发后皮肤奇痒难忍

北国网讲述了这样一个案例，一直在北京做生意的老陈，一般每隔两个月就要生一次病，每次生病时出现的情况几乎都一样，先是在头皮上出现密密麻麻的红点，奇痒难忍。然后全身上下又会长出同样的红点来，让他坐也不是、站也不是，老陈得这样的病已经有三四年的时间了，他自己一直都莫名其妙为什么会得这样的病。

陈先生满头都是小红疙瘩，痒的没办法，想忍都忍不住，甚至都抓破了，淌黄水，满枕头都是，用手怎么抓都不行，只有用针扎，最苦的就是淌水。剧烈的瘙痒让老陈坐立不安，晚上更是难以入睡。电视节目都已经结束了，他还是睡不着觉，为了减轻瘙痒的感觉，老陈想尽了各种办法，但是这些办法还是无法解决他的痛苦。

被瘙痒折磨得痛苦不堪的老陈，经过回忆发现了自己瘙痒的规律：因为工作需要，他每两个月就要染一次头发，而每次染发之后正是他瘙痒难耐的时候。会不会是染发引起的瘙痒呢？为了验证自己的猜测，老陈到医院进行了检查。

验血、验小便，整个身体全都查过，后来确定这是染发引起的过敏。原来瘙痒是染发引起的过敏反应。染发让老陈显得比实际年龄年轻了很多，但是每次染发给老陈带来的痛苦确实让他苦不堪言。

染发诱发白血病

据《北京晚报》报道，几个月前，北京的韩女士因为发烧到医院检查，医生的诊断为急性淋巴细胞白血病，是一种性质比较恶劣的血液系统肿瘤，这对于韩女士来说无异于晴天霹雳。

白血病，致命的疾病，韩女士面临的是死亡的威胁，为了挽救正在走向死亡的生命，她开始接受大剂量的化疗。究竟是什么原因造成了自己的白血病呢？这个问题像一个死结一样缠绕在韩女士的心中，医生仔细分析了可能造成韩女士白血病的各种原因。从医学角度来看，诱发白血病的主要原因包括：电离辐射、化工物质接触、药物使用不当等。然而在了解了韩女士的生活习惯之后，这种种可能都被医生排除了。

韩女士是一名教师，平时没有什么电离辐射物质的接触史，没有放射性物质的接触史，这一点可以肯定，另外也没有特殊化工物质的接触史，没有做过一些化工物质的实验，或者是相关工作。另外，她没有特殊服药史，没有使用氯霉素等这些特殊的、可能会导致白血病的药物。那么还有什么原因可能造成韩女士的白血病呢？韩女士的一个生活习惯引起了主治医生的注意。

韩女士说她从 36 岁父母去世以后，头发一下子变白了不少，不染吧，在办公室坐着让人看着不舒服，于是从 36 岁开始一直染发，一般三个月一次，有时还需要补一补，到现在为止已经 15 年了。虽然韩女士自己觉得每三个月染发一次并不频繁，但是在医生的眼中，这个普通的生活习惯却和韩女士的白血病有着难以分割的密切关系。

接诊医生认为，这个病人有长期的染发史，而且是定期染发，长达十几年，这和她的白血病发生有密切关系。这个诊断让韩女士感到惊讶，染发在韩女士的生活中是一件再普通不过的事情，它和白血病有什么关系呢？对于韩女士的疑问，医生表示：目前染发和白血病的相关性已经得到医学界的广泛认可，染发已经成为白血病的诱因之一。

染发前应做皮肤测试

染发烫发是生活中比较常见的一种美容方式，正因为常见，其中潜藏的危险也容易被人忽略。大多数染发缺少必要的过敏试验环节。从事皮肤科临床治疗和研究的专家发现，染发过敏在生活中比较常见。在临床当中，染发过敏者在染发人群中一般占 10% 左右，或者稍微更高一点点。染发过敏在近几年的临床上越来越常见，染发已经成了接触性皮炎的主要诱因之一。应该说，皮肤过敏是染发造成的最常见的危害。为了防止染发造成的过敏反应，在染发之前应该进行皮肤测试。

染发之前的皮肤测试，就像病人在注射青霉素之前要进行皮试一样，是防止染发过敏的重要保证。在染发过程中，这个重要的环节不能被省略掉。一般在染发剂的外包装都会有这样的说明，本品使用前必须在耳后做皮肤测试，无过敏现象方可使用。

染发剂中的对苯二胺是致癌物质

人的头皮是人体毛囊最多、最密集的部位，就像是数不清的一个个通道，染发剂只要接触了头皮，有害物质就会通过这些通道进入人体，即便没有直接接触头皮，化学成分经过挥发形成的气体也会通过毛囊进入人体。染发剂接触皮肤，而且我们在染发的过程中还要加热，通过接触以后再加热使苯类的有机物质通过头皮进入毛细血管，然后随血液循环到达骨髓，长期反复作用于造血干细胞，导致造血干细胞的恶变，诱发白血病。

染发剂之所以会导致皮肤过敏、白血病等多种疾病，是因为染发剂中含有一种名叫对苯二胺的化学物质。对苯二胺，白色或淡紫红色晶体，有毒化学物品，主要用于农药、染料的生产。专家告诉我们，对苯二胺是染发剂中必须用到的一种着色剂，而这种物质对人体的危害已经得到国内外的广泛认同。对苯二胺是一个染料物质，在我们目前的大部分染发剂里面，都含有对苯二胺这个物质，它是国际公认的一个致癌物质。

染发剂带来的不良后果

染发一般说来是安全的。但是大多数染发剂毕竟还是成分复杂的化学制剂，用在复杂的人体上，使用不当，可能招致不必要的烦恼，甚至产生潜在危及生命的危险，应予以警惕。

1. 皮肤过敏反应，是染发最多见的不良反应。一些人染发初期可能不发生过敏反应，经过数次染发之后，就可能发生过敏反应，用的时间越长，发生过敏的几率越高。

2. 导致发质的改变。染发过程会使头发中水分失衡，和大量蛋白质的变性和减少，从而导致头发变脆，纤维断裂，失去自然的柔软、韧性和光泽的美感。染发次数越多，损伤也越严重。

3. 导致头发脱落。染发剂的急、慢性刺激会引起头皮和毛囊的炎症反应，过多使用染发剂会引起毛囊的萎缩，使头发由粗变细，最后脱落。

4. 吸收有毒物质损伤肝、肾功能。多见于金属染发剂，以及某些合成的有机类染发剂，如含有醋酸铅、硝酸银类，含有苯、萘、酚类等。

预防染发的潜在危害应注意几点：1. 尽量减少染发的次数。2. 染发时不要将染发剂涂在皮肤上，为防止涂到皮肤上应先在皮肤上涂一层凡士林防护。3. 在头皮有炎症和损伤时不要染发，受损皮肤能增加染发剂的吸收。4. 对特异体质的人，再安全的染发剂也可能是有潜在危害的，定期检查健康是必要的。

染发导致的白血病有人把它称为染发相关性白血病。在美国明尼苏达州曾经做过一个调查，发现当地长期染发人群是非染发人群白血病发病率的四倍，在国内也做过一些相应的调查，发现染发人群是非染发人群的3.8倍，这个数据比较接近。这与长期吸烟的人一样，有些长期吸烟的人会得肺癌，同样长期染发人群比不染发人群的白血病发病几率要高。

染发剂对人体的多种危害并不仅仅在我国存在。包括欧美发达国家在内的全世界爱美的人士都面临着来自染发剂的健康威胁。据报道，法国曾经对市场上出售的200多种染发剂进行过调查研究，发现其中有90%的产品有致癌的可能。美国加州在调查了500多名美发师后发现，他们因肿瘤而死亡的几率是常人的6倍。去年，英国的一名妇女在使用了某著名品牌染发剂后短时间内死亡，医生认为染发造成的极端过敏反应，是导致死亡的原因。而丹麦等多个国家也陆续有多起因为使用染发剂造成危害的诉讼发生。国外的研究显示，经常染发的人群患乳腺癌、皮肤癌、白血病、膀胱癌的几率都会增加。

目前我国的专家也开始关注染发剂对人体的多种危害。但是染发剂对人体究竟会产生什么样的危害、有多大的危害，大多数人都还不了解。

染发已经成为一种时尚，好多的年轻人在染各种各样的颜色，而且这个趋势越来越年轻化。针对染发人群低龄化的问题。专家指出，因为我国大面积使用染发剂的时间并不长，所以目前染发剂引起的各种健康问题并没有引起人们的足够重视，但是染发人群出现低龄化，意味着人们染发的时间可能越来越长，而染发剂的各种隐性危害很可能在今后几年内突出地显现出来。

导致使用者对染发剂危害认识不足的另一个重要原因，是染发剂上并没有关于染发剂严重危害性的警告提示内容。市场出售的多种染发剂产品，在其外包装和说明书上，除了个别产品标明染发剂有可能引发过敏之外，关于白血病、恶性肿瘤等染发剂可能引起的严重危害都没有提及。

在国际上，染发剂的警告提示问题也成为相关专家普遍关心的问题，欧洲的一些专家认为，染发剂只简单标注有可能引起过敏反应，警告内容不够全面，使消费者低估了产品潜在的危险。

染发剂导致的过敏不取决于品牌或者档次高低，如前所述，因为染发剂本身共同存在一个化学成分叫对苯二胺，这个化学成分对人体有一定反应，这个成分在任何染发剂里都有。也就是说只要染发剂中含有对苯二胺等对人体有害的化学成分，它对人体健康的威胁就不会消失。

现在，国内一些知名染发剂生产厂家都在寻找对苯二胺的替代品，但是到目前为止，对苯二胺仍然是染发剂主要的生产原料，完全无害的替代品还没有出现。

在此建议大家一年染发次数不要超过两次，以避免染发剂可能造成的危害。患有高血压、心脏病、哮喘病等疾病的患者不宜染发，此外，准备生育的夫妻以及孕妇和哺乳期的妇女同样也不适合染发。

其实，染发已经成为世界流行的时尚了，很多人认为染发让自己富有色彩，充满自信，在英国染发剂的消费增长率已经连续8年高居生活必需品之首，尽管现在还没有找到染发剂的主要原料——对苯二胺的安全替代品，但是有一项工作我们可以先做起来，这就是在染发剂的外包装上，我们可以明确提示，使用之后可能带来的危害，让人知情消费，就像香烟盒上现在都会明确印着吸烟有害健康这样的警示语。

美发烫发的误区

随着生活水平的提高和社交应酬的需要，“发型”作为人的第二张脸就显得越来越重要了，在美发过程中，朋友们不要走入以下误区。

在美发行业中，所有的“黑店”都有一些惯用的谎言和伎俩。概括说来，消费者应注意以下六大陷阱。

误区一：美发的产品越贵越好。

美发产品根据不同发质的需要，成分会有不同。比如针对受损发质的产品价格一般相对较贵一点，但却不适合正常发质。所以，最适合消费者发质的产品，并不一定是最贵的产品。

误区二：烫发、染发只要产品好就不伤害发质。

烫发、染发的产品含氨、双氧、硫基乙酸等对头发多少有点伤害的物质，如果用专业的技术操作可以将伤害降至最低，但并不是绝对不伤害头发。关键在于美发师的技术是否专业，如果技术不专业，再好的染烫产品也无济于事。

误区三：头发做坏了，是因为发质不行。

如果真的发质有问题，专业的发型师应该在做头发之前有一个基本的判断，什么样的发质适合做怎样的头发。如果做完头发之后才说这样的话，这只能是发型师自己的问题，可能是没有经验，也可能是技术尺度没有掌握好。

误区四：烫坏、染坏的头发做头发护理就可以完全恢复、起死回生。

头发的主要成分是角质蛋白质，没有细胞再生能力，不能修复，护理产品可以使头发顺滑，可以缓解继续受损的状况，已经极度受损的头发除了剪掉别无他法。

误区五：只要使用好的（贵的）染发产品，染后头发不会褪色。

染发的过程是人工色素替换天然色素的过程，头发的天然色素在染发过程中被漂浅，人工色素被锁在头发的鳞片层中，但这些色素在我们洗发的时候会逐渐流失，在阳光照射下也会逐渐褪浅。所以，染后的头发最后都会褪成一个棕色基调的原色，这是头发被漂浅的本色。没有永不褪浅的人工色素，只是褪色的速度和程度会有所不同。

误区六：烫发、染发后立刻做一个深层护理有利于保养头发，可以恢复发质的健康。

烫后的头发在1～2周内并未完全稳定，应避免吹发、束发及强力拉扯，甚至洗发都要轻柔而且不能用温度高的水，以保证头发毛鳞片能收紧、愈合。深层护理将头发的鳞片层打开，并将养分送到头发深层，反而会破坏鳞片的正常恢复，更加伤害头发。烫、染后两周内不宜做深层护理。

误区七：离子烫适合所有人

自然直发蓬松、有弹性，有一定弧度。离子烫烫出的头发虽线条直，但无柔顺感，有些呆板。离子烫最适合那些天生卷发、头发特多、烫过发或追求超直感觉的人，但受损严重的头发做不出效果。头发特别软和干燥的尽量去修剪，不要选择烫发，否则容易造成脱发。此外，肿瘤、白血病及皮肤病患者更加不能烫发。

误区八：烫发不成功可再来一次

对新烫的发型不满意，有人会重烫一次或要求发型师帮她恢复原样。殊不知这样对头发的伤害极大。若实在想重来一次，两次烫发的时间最好间隔半个月以上；而首次烫发的人，烫发时间尽可能缩短，同时与第二次烫发的时间应间隔半年以上为佳。

误区九：离子烫药水最重要

专家认为，发型师的技术水准比药水的好坏更能影响离子烫的效果。以上夹板为例，这道工序的关键在功夫，发型师的手法、力度、角度都十分有讲究。此外，如何根据不同的发质确定不同的软化时间和程度，也全依靠发型师的判断。

误区十：进口烫发剂绝不伤发

再好的烫发水也会损伤头发，只是损伤程度相对小一些。想不伤头发就不可能使头发变直或卷曲，因为烫发的原理就是用强碱性的烫发剂破坏头发的组织结构，形成新发型。任何一种烫法都会使头发的毛鳞片组织结构被破坏，出现毛糙干枯的现象。所以不要轻信“进口药水绝不伤发”的说法，并在烫发后及时护理，为头发补充营养。

误区十一：烫发可改观较差的发质

烫发本身就具有损伤性，而发质差的头发表面呈多孔状，更不要轻易去烫染。

误区十二：各种肤质的人都可染发

并非所有人都能染发。若是第一次染发或曾有皮肤过敏史，那么染发前务必进行皮肤测试，即先涂抹些许染发剂在手腕内侧，出现红痒就证明你属于过敏体质，应立即打消染发的念头，以免患上皮炎。另外，孕妇怀孕的头3个月最好不要染发，因为其中的化合物会影响胎儿的正常发育，并易诱发皮疹和呼吸道疾病。

误区十三：漂浅时加热进行

想换染一种明亮的发色，需事先漂浅原来染过的颜色，褪掉头发里的色素。在漂浅时，有的美发师喜欢用蒸气罩对头发加热，这对头发的伤害很大。升温虽会使漂浅的速度加快，但对头发角蛋白的破坏程度也大大加重了。因此，漂浅在室温下进行即可。

误区十四：干洗头

这是发廊流行的洗头方式。干燥的头发有极强的吸水性，直接使用洗发剂会使其表面活性剂渗入发质，而这一活性剂只经过一两次简单的冲洗是不可能去除干净的，它们残留在头发中，反而会破坏头发角蛋白，使头发失去光泽。

误区十五：将分岔的头发剪掉

这种做法只能防止头发继续分岔，治标而不治本。解决头发分岔的最根本办法，就是保持头发的健康，多摄取蛋白质和维生素，使用富含营养成分的护发品定期进行保养护理。

误区十六：护发用品有助于头发生长

尽管使用洗发香波和其他护理方法，将会增进头发的健康，但它们对头发的生长不起任何作用。因为头发从头皮中长出后就不再具有生命力，这和手指甲的组织相类似。真正有生命力的是发根，它才是促使头发生长的细胞群。

染发剂过敏源目前尚难消除

有关专家认为，目前染发剂中的配料对苯二胺（PTD）是典型过敏源，但由于在部分染发剂中属于不可替代的原料，因此大部分厂商在产品说明中都会要求消费者在使用前进行过敏试验。其实这种测试很简单，只要取少量染发剂涂在耳垂背面，一般不超过3次涂抹就可以知道自己是否对染发剂过敏。这个试验对消费者的健康很重要。

全面告别护发四大难题

生活中头发护理只要注意得当，也是很有效果的。根据头发的具体类型，选择适当的护理方式，就会有助于保持靓丽的发姿。

防干燥攻略

若想把失去的水分找回来，你最好使用内含氨基酸能滋润头发的洗发露。洗发时按摩头发的时间稍长一点，刺激头皮血液循环，有助于发根吸收更多的滋润成分。洗发后，使用保湿度高的护发素，特有的滋润物质能附在头发表面，提供一层保护膜，头发所需的水分和养分不会轻易流失。若是发梢出现分岔开裂，或是脆弱易断，可使用特效或深层修复的洗护发产品。另外，最好每周做一次焗油，深层护发。

防静电攻略

干燥空气和干燥头发相遇之下的产物就是静电，致使头发打结发涩，蓬松杂乱，难于梳理。洗发后一定要使用护发素。护发素的有效成分，能使头发外表活性物分子定向排列，令头发的纤维电荷减少，电阻降低，形成一层抗静电的保护膜，使头发湿润柔软顺滑。使用木质或角质的梳子梳理头发。不宜使用塑料或金属梳子，以减少静电产生。如果是长发，最好先擦上免洗护发素或啫喱水之后再梳，这样可以防止静电和打结。

防头屑攻略

干燥的季节令头发滋润不足，更容易产生干性头皮屑，令头皮发痒，严重者更似冬天霜雪般落双肩。注意坚持每天使用清洁力强的去头屑洗发露。使用活性成分 ZPT 的产品，抑制头屑再生。注意使用护发素后一定要冲洗干净。不然护发素的残留物反而会导致头皮屑增多。

防风尘攻略

风沙侵袭严重的北方城市，头发吹得杂乱无形，而沾染上的沙尘更加剧了发丝间的磨损。洗头可选用均衡滋润型二合一洗发露。要是头发过于贴服，缺乏生气，建议使用蕴含维他命原B5和果酸精华的弹性丰盈洗发露，能够加强秀发的内在强韧，增强秀发弹性，抵抗强风侵害。洗发后滋润的润发露还是首选的，因为其滋润成分能附在头发表面，使毛小皮平整，补平缺损或因洗发而翘起的鳞片，并能为头发提供一层保护膜，让头发表层有效抵御风尘肆虐，大大减少发丝间的摩擦机会。吹风之前记得用适合干性发质的护发素来减少吹风对头发的伤害。对于易卷曲、难以定型的柔软头发，往往需要长时间吹风，吹干后可在头发上再喷一层定型护发喷雾。若是要为粗硬头发定型，则选用摩丝和发胶要比啫喱水管用。

点击率最高的九大美发难题

什么是头发空洞？不管发质粗细、干或油，都存在空洞，只是空洞的程度有别，就一般的发质来说，空洞率大约为20%，即是说，一根头发20%是空洞。这些空洞就像海绵的凹洞一样，是用来吸水的。把头发浸在水中时，吸水速度特别快，头发的空洞吸了水，会影响发型。空洞过多时，容易显得干燥、粗糙、无光泽，也容易断裂，难以梳理。吹、整、染、烫容易造成空洞过多，所以应选用修护力强的护发产品。

焗油倒膜有用吗？焗油倒膜的作用就是通过加热，使其中的营养成分渗透进头发内质层，填补螺旋蛋白质中的空缺，修复毛鳞片，使受损的头发恢复光泽、柔亮，对头发修复有一定的效果。只是，头发护理是一个长期过程，一次两次，效果并不明显，特别是头发受损严重的人，应一个月焗两次，坚持半年，当然选用的焗油倒膜产品质量要有所保证。

我想自己动手做卷发应该怎么做？使用电卷棒，它可帮助你在造型时更加得心应手，但在购买电卷棒时可要注意选择最好为塑料材质的电卷棒，因为铁制材质容易导热，有烫伤手之危险。而电卷棒的表面要是陶瓷处理的材质，比较不伤发质。如果是亮面不锈钢材质，导热虽快，但如不小心会把头发烧焦。做卷发时依照心目中期待的卷发样式来选择尺寸——刘海（电卷棒直径约19～20mm）、中波浪卷（电卷棒直径约25～28mm）、大波浪卷发（电卷棒直径约32～35mm）。

使用的方法是：先将洗后的头发吹干，分缕用电卷棒裹住，停留两三秒钟后放下，把所有头发卷完后，打上少量发蜡，用手整理即可。

烫完的头发为什么很快就变直了呢？首先，发型师的操作很关键：烫发之前要根据你的发质选择合适的药水，掌握合适的时间才能把头发烫好。如果你的头发较健康，有可能属于抗拒性发质，要选用此类发质专用的药水，停留时间也要稍微长一点。另外，卷杠的粗细、是否卷紧也很重要。如果发片太厚，卷杠太粗也不易烫卷。其次，卷发特别需要注意平时的养护，烫发后3天内不能用密齿梳梳头，平时洗完头后最好用手整理，待头发半干时打上啫喱水即可。

到底该不该天天洗头？据最新的科学研究发现，天天洗头不仅可以保持头发的健康、干净，也给人以卫生整洁的良好形象，但是这并不适合所有人。对于头发本来就比较干燥的人来说，天天洗头会把皮脂腺分泌的油脂彻底洗掉，引起头发受损或掉落，反而对头发健康不利。专家认为，洗头的频率应根据个体差异、季节和所从事的工作而定，不可一概而论、千篇一律。每个人的个体情况都不一样，应视具体情况而论。

头发多且硬适合烫什么样的发型？头发粗硬，可以尝试烫卷发，这样可以让头发看起来柔和一些。如果烫发后觉得头发较干，可以做营养导入或倒膜。

身上瘦、脸圆多肉的我烫发会不会显得头重脚轻？适合剪什么样的刘海？如果要烫卷发，最好只烫发梢，不要烫到发根，这样就不会显得头重脚轻了。圆脸的人适合剪斜而短的刘海，可以将脸拉长，最好在旁边剪一些比较明显的层次。斜长的刘海也要根据脸型和头型作适当调整，一般不能剪得过于厚重。

染过黑色（因为有白头发）的头发能染彩色吗？黑色是矿物质的染膏，染过之后再染其他颜色就很困难。常用这种染膏不利于人体健康，可以染一些深咖啡色或古铜色的颜色，这样与原来的黑色比较接近，同时也可以盖住白头发。等染黑的那部分头发剪掉之后，就可以做一些比较明显的颜色了。可以考虑漂染，将黑色素褪掉，但是这样很伤头发。

头皮油、头发干，怎么办？一方面应该用一些去油脂的洗发水，另一方面应该定期做护理，补充头发的蛋白质营养。如含有小麦蛋白的护发产品就能有效改善这种状况。一般的护发素只能起到润滑和收缩毛鳞片的作用，并不能真正起到保护头发的作用。

生活中的简易美发小常识

啤酒：啤酒涂搽头发，不仅可以保护头发，而且还能促进头发的生长。在使用时，先将头发洗净、擦干，再将整瓶啤酒的1/8，均匀地搽在头发上，再做一些手部按摩使啤酒渗透头发根部。15分钟后用清水洗净头发，再用木梳或牛角梳梳顺头发，啤酒中有效的营养成分对防止头发干枯脱落有很好的治疗效果，还可以使头发光亮。

醋蛋：洗头时，在洗发液中加入少量蛋白洗头，并轻按摩头皮，会有护发效果。同时，在用加入蛋白的洗发液洗完头后，将蛋黄和少量的醋调匀混合，顺着发丝慢慢涂抹，用毛巾包上1个小时后再用清水清洗干净，对于干性和发质较硬的头发，具有使其乌黑发亮的效果。

茶水：用洗发液洗过头发后再用茶水冲洗，可以去除多余的垢腻，使头发乌黑柔软、光泽亮丽。

护发食谱 给头发更多呵护

现代生活压力使我们头部的细胞已经损伤无数，原本乌黑靓丽的头发也因而变黄、变白，甚至脱落。这是人们最不愿意被人窥见的事实。尽管原因很多，究其主要是营养和精神两大因素，忧伤郁闷，会致肝肾心脾俱伤，使头发失其营养。因此，人们要给头发多一点的呵护、关怀！下面是几种呵护、关怀头发的简单食谱，希望对大家有所帮助。

一、粥类

胡桃粥：取胡桃仁50克，去皮、研碎，和粳米100克，共煮为粥，每日早晚服食。具有乌须黑发的作用。

芝麻粥：取芝麻20克，炒焦研碎和50克粳米同煮粥，适量加盐或糖，作夜宵食用。具有补肾润肠、乌发美容的作用。

何首乌粥：首乌50克，水煎取浓汁，与粳米100克、大枣5枚、白糖适量共煮成粥，作早点或夜宵食用。具有补肝益肾、生精养发、抗衰乌发的作用。

海带粥：海带适量洗净晒干，研末，和粳米50克煮粥，每晚卧前食一小碗，具有滋润头发、乌须黑发的作用。

二、汤类

猪胰淡菜汤：取猪胰1具，淡菜50克。先将淡菜洗净，浸泡3小时，放入砂钵中炖汤，待煮开约10分钟后，加入猪胰同炖，熟烂后调味佐膳。功能润滋毛发，可用于毛发枯少。

首乌鸡蛋汤：首乌20克，鸡蛋2枚。加水共煮，至蛋熟时取蛋剥壳，再煮15分钟，再加食盐适量，稍煮片刻，吃蛋饮汤。一周1～2次，连服1～2月，可乌须黑发。

牛骨汤：牛骨头（砸碎）1000克，加水1500毫升，用武火煮开，再改文火煮1～2小时，过滤取汁饮。或将汁冷后置于瓷瓶中沉淀。取最底层粘性物质，每天佐食，或涂在面包、馒头上吃，能强身健发。

三、小吃类

桑麻丸：用桑叶加黑芝麻配制而成，其制法为：秋季采桑叶适量，漂洗干净，晒干研末，另将熟黑芝麻磨成粉，分别盛在陶瓷罐中，食用时按1:4比例（桑叶1，芝麻4）加入适量蜂蜜，揉成面团状，再分成若干小丸，早晚各取1枚嚼食，温开水送下即可。

鸡油：有生发乌发的功能，可像香油一样，拌菜或淋于汤中食用。

桃仁糖：桃仁、白糖各适量。桃仁放水中浸泡三昼夜，取出去皮尖；将白糖放锅内化开，倒入桃仁混匀，冷后服食。每次10颗，每日2次。连续服用三个月，能美发、乌发。

乌发糖：取黑芝麻、核桃仁各半斤炒香，将米糖500克放锅内稍加水煎熬，至稠时放入芝麻、核桃，拌匀、推平、放凉，切成小块（每块约3克重）即可，能补肾、乌发、生发。

芝麻糊：取芝麻适量炒香，加白糖适量捣碎、装瓶，每次取适量开水冲食。具有补肝肾、乌须发、润肌肤的作用。

制黑豆：黑豆适量，淘洗干净，再经反复蒸、晒九次后，贮于瓷瓶内，每日食用2次，每次取食6克，口嚼后淡盐水送下，同时每天再吃鸡蛋1只，大核桃肉2个，坚持服用必有功效。其功能为乌须黑发、滋阴润燥、益寿延年。

在气候的交替变化、人体新陈代谢的作用下，造成皮肤缺水干燥、肤色晦暗、斑点皱纹等问题，这是很自然的生理现象。但是，爱美的人总抵挡不住“漂亮容颜”的诱惑。有的人开始寄希望于某些化妆品。面对市场上琳琅满目的化妆品，有一些伪劣化妆品混迹其中，一味听信广告宣传，盲目使用一些所谓“有效化妆品”，或是使用不当，或是产品不过关，会导致消费者皮肤和身体过敏。特别是化妆品中的乳化剂、香料、杀菌剂、防腐剂等有害的化学添加物对皮肤造成的伤害往往是无法估量的。因此，使用化妆品可不能稀里糊涂，应进行充分了解后，再慎重选用。

化妆品擦出满脸肿块

《楚天都市报》曾报道，谢女士为了祛斑美白，连续使用了一年多的某祛斑类化妆品后，导致汞中毒，引发了肾病综合症。整个脸上长满肿块，面目“狰狞”，连门也不敢出。主治医师说，谢女士幸亏救治及时，否则就会引发肾衰竭，危及生命，因为当时谢女士体内的汞含量超出了正常人。

化妆品让杨老师痛失讲台

杨老师是一所重点中学的英语教师，从教25年来，一直兢兢业业，对待教学和学生她倾注了大量心血，因此杨老师也多次被评为优秀教师，学生们也都喜欢像妈妈一样的她。可就在前年，仅仅因为一小瓶化妆品，就使她不得不离开心爱的讲台。

2003年，杨老师为了消除脸上的色斑，买了一瓶祛斑美容霜，该产品宣称：效果神奇，能够20天快速祛斑美容，使皮肤变得更加白嫩。谁曾想杨老师按照产品说明书使用了不到20天就出了问题。杨老师整张脸都是花的，像个花猫似的，一点一点，有白有黑。杨老师赶紧到医院检查，诊断结果竟然是“白癜风”。

白癜风是一种皮肤病，是由于色素细胞缺失或者被损害而造成皮肤出现一些白的色块。医生告诉杨老师，这可能跟她最近使用的化妆品有关。

美容院化妆品卫生质量堪忧

2006年上半年，卫生部组织了对北京、上海、重庆、黑龙江、福建、四川、山东、广东、江苏等省、直辖市一些美容院销售使用的各类化妆品的标识、标签、说明书及祛斑类化妆品的卫生质量的抽样检查。本次共对9个省、直辖市89家美容院销售使用的745种化妆品进行抽检。其中，合格产品557种，不合格产品188种，合格率为74.8%。具体不合格内容是：批准文号不合格、有效期标识不合格、夸大宣传、无中文标识、卫生许可证号不合格、未标注生产单位、超过使用期等。在对9个省、直辖市67家美容院使用的75种祛斑类化妆品的卫生质量进行了监督抽检，检测内容为微生物指标、铅、汞、砷、苯酚和酸碱值。其中，合格产品63种，不合格产品12种，合格率为84%，不合格原因主要是汞超标和细菌总数超标。

一些美容院销售使用的化妆品标识、标签、说明书的不合格情况较为严重；部分祛斑类化妆品卫生质量不合格项目中汞和细菌总数超标的情况比较严重，汞最高超标10万倍，细菌总数最高超标85倍。卫生部有关负责人介绍，国产化妆品标签或小包装上应有《化妆品生产企业卫生许可证》编号，并具有企业产品出厂检验合格证，特殊用途化妆品还应具有国务院卫生行政部门颁发的批准文号。进口化妆品应具有国务院卫生行政部门批准文件（复印件）。

化妆品越是“神奇”越要慎选

据《新闻晚报》报道，现代美容技术常常将激素加入化妆品中，经常使用这类带有激素的化妆品，就会产生“激素美容综合症”，长期使用含激素的化妆品会造成毛细血管扩张、萎缩，甚至出现多毛、皮炎等症状，严重者甚至会出现剧烈的皮肤反应，美容不成反毁容。同时，激素外用还可能引起人体内激素水平变化，造成内分泌混乱等状况。

专家为此提醒，如果换了某种化妆品，使用初期觉得“效果神奇”，越来越光滑，此时要怀疑该产品中是否有含激素的可能，越是“神奇”越要慎选，尤其是一些敏感肌肤人群，如果该产品还能消除原有过敏性皮炎症状，更要引起高度警惕。

化妆品中汞含量超标

据报道，案例中的杨老师，随后将自己使用的这种祛斑霜送到了他所在省的产品质量监督检验所进行检测，结果发现这种祛斑霜中的确含有汞，含量为 990 毫克/千克。按照《化妆品卫生标准》规定，化妆品汞含量不得超过 1 毫克/千克，这种祛斑霜汞超标 990 倍。汞，俗称水银，是有毒重金属，属于化妆品中的禁用物质，不允许人为添加。但是由于化妆品使用的一些生产原料本身含有微量的汞，所以国家标准中对汞的含量作了明确的限定，限量为 1mg/kg。超过这个限量就可能会对人体造成伤害。

有关专家指出，色斑形成的根本原因就是皮肤色素细胞产生的黑色素过多，汞是一种有毒重金属，能够损害色素细胞，使色素细胞沉着减轻，不分泌黑色素慢慢就变白了。所以很多人增白是一块一块变白的，这都是含汞很高造成的。一旦形成白斑就更麻烦，也很难消除，就好像白癜风一样。所以，当你在实现所谓的快速祛斑美白的同时，你是否想到化妆品中的汞含量超标。使用汞超标严重的祛斑类化妆品，除了对皮肤产生直接危害外，汞还会通过皮肤吸收进入人体，损害人体神经系统、肾脏、造血系统、肝脏以及生殖系统，造成不孕不育。对于孕妇，还会通过胎盘影响胎儿发育。

汞在化妆品中所起的作用就是使祛斑效果更快更明显。虽然国家有规定：化妆品内汞含量每千克不能超过 1 毫克，但部分厂家为追求明显的美白效果，在化妆品中添加过量的汞。近两年有关部门对祛斑类化妆品的陆续曝光，让越来越多的消费者闻“汞”色变。化妆品中除了汞浓度超标以外，对人体有害的成分还有氧化剂浓度超标、细菌总数超标。

因此，消费者购买化妆品时最好在大商场、大超市购买，购买时还要检查包装盒上的标签内容，应包括产品名称、制造者的名称和地址、净含量（净容量）、生产日期和保质期或者生产批号和限期使用日期、生产企业的生产许可证号、卫生许可证号和产品标准号，特殊用途化妆品还须标注特殊用途化妆品批准文号等。

药物化妆品要慎用

所谓药物化妆品，就是指声称化妆品成分中加入了某种特殊功效中草药的化妆品，虽然此类化妆品对某些皮肤病确实有一定治疗效果，但长期使用还是存在很多弊端。一般药物都有毒性，在治疗各种皮肤病的同时，药物性化妆品不可避免地会对皮肤产生一定刺激，且这种刺激与化妆品中所含药性成分的浓度成正比，如含维生素甲酸和维生素A的化妆品，用量过大时会使皮肤出现灼热、脱屑、瘙痒等；有的年轻人乱用营养性药物霜膏，甚至将皮炎平当化妆品，结果痤疮越来越多，这就是激素在作怪；像可的松、强的松之类的药物是绝对不能添加在化妆品中的，否则会抑制肾上腺功能，造成内分泌紊乱；市场上推出的掺有少量激素的护肤脂（霜、膏）等，长期使用也会引起人体激素水平失衡，导致激素性皮炎、感染、毛细血管扩张、皮肤萎缩以及多毛症等。

小心这样的护肤陷阱

不少女性容易落入夸大宣传的“陷阱”。她们被“晶莹”、“美白”、“完美无瑕”等美丽词句所迷惑，今天抹这个，明天涂那个，盲目购买，过度保养，殊不知，护肤不当和使用护肤品不当，会对肌肤造成伤害。因此，消费者要谨防护肤品陷阱。

陷阱一：深度护肤

“深度护肤”这个带着极度诱惑的字眼，总能引来女性的视线并令她们追随之。于是总有眼疾手快的商家投其所好，用大大的招牌与各种动人的字句来证明产品真的作用于深层。而事实上，却并不是所有的产品都真的有如此实效，护肤品的成分是否进入肌肤，会因人与产品而异，虽然使营养成分进入肌肤的更深层是当今国际化妆品生产领域的主攻方向，深层护肤品也不是没有，但消费者在购买之前，若是有条件，最好先听取有关方面专家的意见再做决定，不要盲目行事。

陷阱二：轻信神效

“神效”也是能勾起人购买欲望的字眼。对美丽的拥有，人们总是希望越快越好，若是有可能，一下子成为绝色容颜，是不少人梦寐以求的愿望，既快速又能保证效果的产品为什么不买？其实，马上产生“神效”的护肤品最要当心。因为这些产品中极可能含有对皮肤有害的成分，严重的甚至会造成无可挽回的后果。一些护肤品，常常宣传对于面疱、粉刺、青春痘清除力强，或是美白效果显著且迅速，但专家提醒消费者，这一类能够立竿见影产生作用的护肤品，常含有对人体有害的成分，一些好的护肤品，效果是慢慢显现的，时间是好产品的见证。尽管现在的美容科技水平比过去任何时代都发展迅速，创造的产品也日趋完美。但并不是有了这些产品，面部就能治理得完美无瑕，美容品只是起到缓解的作用。因此，形成正确的护肤观，而不是盲目地追求完美，才不至于丧失我们现在已经拥有的美丽与健康。

要这样选用化妆品

要有防伪防劣意识。注意检查化妆品有无商标、生产日期、生产企业名称及卫生许可证编号；要注意化妆品包装是否完好，内容物有无异味，有无形状改变，如膏霜类产品有无油水分层、气泡等。选择药物化妆品时，还应注意产品有无卫生部门的特殊用途化妆品批准文号。

在选用一种从未使用过的化妆品之前，应采取有小包装就不买大包装、随用随买的原则。小包装可以达到短期内试用的效果，基本上购买试用五天之后，你就可以确定自己是否适用。对于敏感型肤质的人，还可以拿小包装到正规医院的皮肤科进行一下过敏测试，一旦不合适，对自己的经济也不会有大的损失。另外，许多营养型、药用型植物都有其生物活跃期，故使用化妆品也应根据有效期，应在最佳效用期内使用。

不要盲目追求价格昂贵，或标榜自己是进口产品、有特效的化妆品，应依据自身肤质，选择安全可靠、温和、疗效好的产品，并且一定要到正规的商场购买。

爱美的人士要不断地加强美容知识学习，对于一些面部黄褐斑、雀斑等皮肤疾患，要采取科学认识加积极预防的措施，一般说来，保持舒畅、健康的心态，到正规医院就诊，才是最快速有效的治疗方法。在选择好适合自己化妆品的同时，最好注意饮食营养的补充，要多摄入一些新鲜蔬菜和水果，通过良好的生活习惯延缓皮肤的老化。

使用化妆品还要注意一些细节。化妆品一般只供外用，要避免将化妆品吃进体内，最好在饮食前擦去口红，以免随食物进入体内。睡眠时应将皮肤上涂的化妆品洗去，不要涂着化妆品入睡。对于染发剂、烫发液等对人体危害较大的化妆品，尽量不用，如果必须使用，尽量选择安全性较高、刺激性较小的产品。

化妆品并非越贵越好

为什么使用了价格不菲的化妆品，脸部的皮肤、毛孔却依然粗糙，越来越干燥呢？经验告诉我们：化妆品并非越贵越好，消费者应该学会科学、理性地选择化妆品。

目前市场上销售的化妆品，一部分是用化学原料合成的，通常含有乳化剂、防腐剂、香料、色素等。这些化妆品能够起到一定的保湿、滋润作用，但其中的化学物质长期作用于皮肤表面，会对皮肤形成相应的损伤。一些消费者使用的化妆品越来越贵，皮肤却越来越差，原因就在于他们对自己的皮肤、对化妆品的成分都不够了解。专家认为，皮肤的好坏，与每天摄入的营养、睡眠状况、心理健康等都有密切关系。从皮肤生理学角度分析，含有油类的化妆品的确能够锁住水分，保持皮肤湿润，抵抗外来刺激。但同时，油类物质也会阻碍皮肤呼吸，导致毛孔粗大，引起皮脂腺功能紊乱。特别是化妆品中的乳化剂、杀菌剂、防腐剂等化学添加剂会对皮肤造成损伤。因此，当前国际化妆品领域的最新研究动向是，生物类无添加剂化妆品将逐步取代用化学方法合成的化妆品。

专家介绍，消费者在购买化妆品时应该具备简单的识别方法。例如，含油量过高的化妆品，放在水中会漂浮起来；开封后闻到浓浓香味的化妆品，里面一定含有香料；有颜色的化妆品，一般都添加了色素；拧开瓶盖直接裸露在空气中、需要用手指挑出来使用的化妆品，通常含有杀菌剂和防腐剂。

警惕日常美肤三重隐患

对于爱美女士来说，每天的美肤程序已经拥有一个事实上的模式，但是，在这里我们仍然将为您敲响日常美肤的警钟！

你的毛巾、洁肤海绵干净吗？我们目前的住房，浴室多为北屋或暗室，可谓终日不见阳光。早上赶着上班，也不太可能特意将用后的毛巾、洁肤海绵洗了拿去南阳台晾晒，日久，这些潮湿的毛巾、洁肤海绵就很容易滋生细菌，甚至产生霉斑。即使你用了非常好的洁面产品，却配合使用这样的洁肤海绵、毛巾，如何能保证皮肤健康呢？所以，毛巾、洁肤海绵即使不能每天晾晒，也应放在通风处保持干爽，并定期高温消毒。有一位朋友的建议很不错：毛巾不必太“豪华”，但要常常换新，新的一定比旧的安全卫生。

你的化妆工具干净吗？有些女性朋友，取出的化妆盒都是“大牌”的，但其中的眼影棒、小刷子、粉扑子，却黑黑的。毫无疑问，使用这样的化妆工具，对皮肤健康同样是充满隐患。彩妆不好卸，用洗面乳、洁面皂都不一定能洗干净，洗化妆工具也是同样。所以，要方便、快速地洗净化妆工具，配备一些专门的清洁产品是必要的。

也有专业化妆师建议，天然毛刷可用护发素清洗，化纤毛刷、海绵、粉扑等可用沐浴露清洗。不管用什么清洁产品，重点是要常常洗，保持化妆工具的干净。另外，每次用唇蜜、唇釉时，也应该将刷头上的唇彩用纸巾、棉片擦拭干净了，再插回唇蜜、唇釉中；如果这支唇蜜、唇釉半年没用完，也该放弃啦。

你的眼影粉饼干净吗？粉质的眼影、粉饼、胭脂等不容易变质，启封后的保存时间可长达2年。可是，朋友们注意到没有，使用中也常常会把脸上的油脂沾到这些粉妆上，使它们的表面凝结起一层泛着油光的“盖”，既影响了这些粉妆原来的颜色，也很不卫生。

护肤误区须注意

品牌产品那么贵，应该不太适合年轻的肌肤

“现在就用这么昂贵的产品，等年龄大了还能用什么”，很多人都有这样的顾虑。其实品质好的产品只会给肌肤加分，不会令肌肤产生耐受性。价位和年龄并不成正比，只能说因为某些产品的价位较高能消费的人群相对年龄长些、经济实力较强罢了。大多数的高档化妆品都有不同的产品线，用以适应不同年龄的消费人群。有些品牌的产品甚至小孩子都可以使用，当然是在有消费能力的情况下。

总是和别人比皮肤，结果越比越没自信

这是个最大的美容误区。许多人经常说：“同样吃一样的火锅，为什么我起痘了而她没有？”或者是“她从来不用什么

昂贵的化妆品，皮肤为什么比我还好?”其实，护肤专家告诉我们，70%以上的肌肤状况来自遗传。每个人天生的条件都千差万别，所以永远不要和别人比，而是和你自己做比较，只要你的皮肤今天比昨天好或者维持住了昨天的年轻，那你就是成功的。

所有的化妆品都往冰箱里放

“前段时间把晚霜储存在冰箱里，昨天拿出来一看怎么油水分离了?”这是很多人搞不清楚的一个问题。其实很多化妆品是不能放在冰箱里的，比如说含油脂的产品可能会由于冷藏而油水分离，很多含活性成分的产品会由于冷藏而失去活性……一般说来，无油的凝露或者面膜、化妆水可以冷藏后使用，在夏天能让肌肤凉爽一下。但具体情况最好还是在购买产品时咨询清楚。

我的肌肤很容易出油，所以我从不用含油分的产品

在夏天尤其容易听到这样的话。其实肌肤天然的水脂膜是由“水”和“脂”平衡形成的，当它失去平衡时，就会出现“干”或“油”的肌肤问题。当肌肤逐渐走入成熟，肌肤自然的水分和油分都会减少，如果一点油分也不补充，很可能会造成肌肤缺少营养而出现皱纹、无光泽的现象。所以如果你的肌肤已经出现了衰老的征兆，那你在控油的同时最好为肌肤每天补充一些含油的化妆品（当然质地要容易吸收不油腻），以保证肌肤有足够的营养来抵御老化。

洁面产品没有面霜类产品重要，为节省开销选择质量较差些的

因预算关系或者其他原因，我们通常忽略了洁面产品的品质，这样做适得其反，不但会增加护肤费用而且还伤害了肌肤。通常质量不好的洁面产品会破坏肌肤的 pH 值，由此造成的伤害需要多用掉约 1/3 的面霜才能挽回损失，这样做得不偿失。

眼霜厚厚地涂抹在眼部皱纹或细纹上

相对来说，眼霜的滋润度、延展性都比较高，因此用量不用很大，大概在一个绿豆粒大小。这也是为什么几乎所有品牌眼霜含量都在 15ml 左右的原因。另外眼睑肌肤没有脂肪，不易吸收护肤品，如果将眼霜过多地涂在眼睑上，不但容易刺激眼睛、促使眼周围肌肤毛孔堵塞而形成油脂粒，更容易因拉扯使眼周肌肤的小纹路更加明显。

哪个手指方便就用那个手指涂抹眼霜

眼周肌肤要比面部肌肤薄 5 倍，因此更加脆弱。而大多数人涂抹眼霜时习惯用食指或中指，它们的力度对娇嫩的眼部肌肤而言是一种负担，这已经足以因拉扯而促使细纹更加明显，同时也刺激黑色素沉积，间接造成黑眼圈。正确的方法是用无名指沾取适量的眼霜涂在上下眼睑的外围，由内至外或点、或轻涂于眼骨上，眼尾可再按压几下。

眼部不用防晒产品

最脆弱的眼周肌肤的防晒工程经常被忽略，看看很多人眼周的晒斑就足以证明这一点。也有人将面部防晒产品直接涂到眼部，殊不知含有 SPF 防晒指数的面部产品，对眼部肌肤来说是不堪重负的，涂抹后有可能造成极大的不适，甚至会产生敏感现象。一副太阳眼镜、质量好的防晒眼霜、可用于眼部的遮瑕膏都可充当眼部的防晒品。

避免肌肤出油于是一天内频繁地洗脸、经常使用吸油纸

油性、混合性肌肤通常是油脂分泌不正常，皮脂腺分泌过于活跃造成的，尤其是在炎热、潮湿、闷热的夏季，皮脂腺更是“超速运动”，所以不应该过分地刺激它，频繁洗脸、吸油会让本来就分泌很旺盛的皮脂腺分泌更加旺盛，肌肤的 pH 值被破坏，越挤越多、越吸越多。应该选择合适的平衡油脂的产品，最好是一个系列，从洁肤到面膜到日常护理产品，而非单纯地选择控油的产品。

经常用手或者去美容院挤或拔粉刺

挤粉刺虽能立即见效，但非治本之道，因为你会发现不久后“草莓鼻”、粉刺又回来了。这并非明智之举，而且会带来更大的伤害。施力不当造成的刺激发炎、面疱的产生，伤及更多无辜细胞，得不偿失。尽量避免自觉不自觉地摸脸，手上的细菌会加重炎症。

将药用型产品当护肤品使用

药用型产品如号称能治痘的药膏不能连续使用，虽然它在一定程度上能够缓解严重的粉刺或痤疮现象，但长期使用会使肌肤产生耐药性，而且许多药膏中含有微量激素，长期使用会造成肌肤屏障功能的损害。而且一般药用型产品的功效较单一，仅能针对某种问题而不能顾及肌肤如补水、抗皱等其他方面的问题，因此建议阶段性地使用药用产品，症状缓解后应更换其他应急产品使用。另外在饮食上也要多加注意，除经常提到的少吃辛辣的食物外，还要少喝咖啡，少食番茄、橙子等较刺激肌肤的水果蔬菜。

希望用护肤品来治疗严重的粉刺、痤疮

护肤品毕竟不是药，不能取代药品的功效。粉刺、痤疮本身就是一种病理反应，有阶段性的，比如有些女性特殊日子里会长小痘痘，过后很快就会消失。但严重的粉刺、痤疮通常是身体内部存在毒素、循环系统或消化系统不好、代谢不正常导致的。使用护肤品可以在一定程度上缓解症状，但要根本治愈只能到医生那里寻求帮助，服用一些药物消减症状的发生。

从不使用排毒、净化肌肤的产品

很多人没有考虑过净化这回事，但是并不表示你不需要。随着年纪越来越大、经年累月地面临空气污染，新陈代谢的速度变得越来越慢，即使持续给予肌肤滋养，效果也看不见。有毒的身体会是酸性的，唯一可以帮助肌肤排毒的就是精油。排毒的方法有很多种，最简单的方法就是选用可以亮肤的含精油的面膜，既快又方便。特别是经常熬夜、吸烟、生活起居不规律的人，更应该有规律地使用深层排毒的含香精油的精华液，这样可以提供给肌肤充足的养分及能量，使肌肤呈现健康活力。

只要是美白产品就想试一试

除遗传因素外，阳光是造成肌肤变黑的主要原因，想美白必须先从防晒开始，这样能大大减少导致肌肤变黑的诱因，阻止新斑点的形成。要肌肤回复净白健康，不仅要抑制过多的黑色素，更要全面而有效地预防及保护。预算有限者最先应添购的美白保养品绝对非防晒品莫属。正在使用美白产品的人更应该注重防晒。因为无论任何美白产品都要经过减少肌肤中麦拉宁色素而起到美白作用，这就意味着肌肤自身抵御阳光的能力降低。如不防晒不但美白成果付之东流，而且肌肤更容易变黑、更容易受到伤害。

防晒指数越高，防晒效能越好、防晒时间越长

很多人都有过这样的经历，尽管使用了高防晒系数的产品，海边度假回来后仍然发现肌肤有晒黑、晒伤的现象。任何防晒产品，无论其防晒系数有多高，都不可能完全避免肌肤被晒黑，这就是为什么近年来国际标准中不再允许防晒品中使用“BLOCK”这个词。另外，所有防晒品中起防晒作用的滤光器在涂用后两个小时就被肌肤吸收了，不再具有防晒效能，所以涂抹防晒产品时别太吝啬，得勤劳些，最多每隔两小时就要加涂，这样才足以遏制紫外线的侵袭。

还很年轻不用考虑老化问题或者很年轻就开始使用抗皱的产品

这并非是互相矛盾的建议，解决老化问题分两个阶段：预防老化和抵抗老化。20 岁至 25 岁时肌肤机能仍处于良好的状态，自我修护的能力非常好，只要做好日常的保湿、滋润、水油平衡工作就可以了，基本没有抗老化的需求。25 岁至 30 岁左右肌肤状态已经处于水平发展的方向，自我修护能力减缓，老化已经慢慢地显现，此时需要开始使用一些具有抵御老化功效的产品，帮助肌肤延缓老化的脚步，不要等面部出现老化现象再采取措施。30 岁后或者哺乳后，女性的荷尔蒙开始走下坡路，肌肤自我修护能力越来越差，此时需要的才是真正的具有抵御老化功能的产品。

用日常面部护理产品当颈霜

从一个人的颈部就可以判断出这个人的大概年龄，很多女性朋友忽略了颈部是自己面部肌肤的一部分。看似粗糙的颈部肌肤实质上比面部肌肤要薄两倍，面部护理产品是不够滋养的，所以专门的颈霜是最好的护理产品。颈部需要认真地护理，从 25 岁开始就应该早晚使用颈霜，避免颈部肌肤松弛甚至颈纹的出现。

使用面膜或护理型粉底代替日常护理产品

一些面膜或者护理型粉底在宣传时都有诱人的“保湿”、“亮丽”等字眼，但是面膜、护理型彩妆产品是不能代替日常护理产品的。面膜就如同夏日口渴时喝一杯水能解渴一样，即刻或补充水分、亮肤、或缓解敏感现象，但过一会你还会口渴，做完面膜之后不久舒适感就很快消失，原因是面膜为肌肤护理中的补充型产品，它的功效时间相对较短，通常仅有 2 ~ 3 个小时，是周护理型产品，每周用 2 ~ 3 次，不能把它当做日常护理产品天天使用。日常护理产品能够提供一天左右的保护功效，以保湿产品为例，品质好的保湿型产品不仅能够补充、锁住肌肤水分，而且能够在空气中获取水分，通过三效合一从而达到长时间保湿的效果，像水浴一样，这是面膜无法企及的。同样道理，具有护理功效的粉底其重点是在粉质上，护理功效只是在此基础上额外添加的，只能使粉质不吸水，保养功效自然就不会很理想，出现紧绷、干涩、不适现象就在所难免，如果单纯使用它来代替日常护理产品就更不可行。

冷热水交替帮助收紧肌肤

先用热水洗脸再用冷水敷面，冷热交替很容易导致毛细血管扩张，形成面部红血丝现象，严重的还会引起面部敏感症状，本身就是敏感肌肤的人情况可能会更糟糕。建议使用温水洗脸的原因是，温水和肌肤本身的温度较为接近，不会刺激肌肤毛孔瞬间张大缩小，而且能够帮助洁肤产品更好地工作。

长期使用自制面膜或自制的护肤品

柠檬、黄瓜、蛋清等经常被用来自制成面膜或日常护肤品。在某种情况下它们的确是护肤品，但并不意味着适用于所有肤质。比如较敏感的肤质就应该避免将柠檬等含果酸的成分置于自制品中；将黄瓜切片后直接贴到脸上，仅能使肌肤吸收到很少的养分，而未覆盖到的肌肤由于没有任何营养物的呵护会出现不适反应。干性肌肤不要使用蛋清打底做面膜，它会使你的肌肤越来越干。而且很多民间传说的成分如珍珠粉等由于分子太大，根本无法为肌肤吸收，所以不可能起到好的保养效果。

无论我们作怎样的尝试、进行怎样的调整，最重要的一点就是牢记我们只有一层肌肤，听你自己的肌肤怎样告诉你它的状况。相信细心的感受、选取适合自己的护肤方法，美容产品定会延缓岁月的脚步。

做个会化妆的女人

化妆是值得女人学习和研究的一件事情。女人的品位不单是出自美丽的眼睛和光滑细腻的皮肤，而是出自整体的妆容效果。眼睛和皮肤的美丽常常是一目了然的，而好的妆容是女人用智慧和修养精雕细刻出来的。那份与身体的和谐，那份洋溢于周身的风采和丰韵，那份内心世界精彩的描述和渴求，是可以用心去表现的。

通常好的妆容所表达的美，是可以超越本体的；相反，不良的妆容会损坏女性的视觉、品位和素养的美感。可以说，爱化妆的女人是积极的女人，会化妆的女人是智慧的女人。因此，女人要会化妆，但是，能够化好妆，并不是件容易的事。

面对那么多的化妆品，那么多的化妆工具，那么多的化妆色彩，仅仅知道一些化妆方法是远远不够的，化妆是熟能生巧的技艺，你得花一些时间练习，才能够应用自如。化好妆最难的并不是技巧，技巧可以练就，学会常规的化妆技巧也不是很难的事，最难的是什么呢？是审美，是审美能力。

女人化妆通常会遇到这样的闹心事：你描画出了各式精美的眉毛，甚至匀抹出了具有专业水准的眼影，但是你的审美出了问题，整体妆容总是显得粗俗，既不美，更谈不上品位。因此，要想化出好的妆容，需要学习和提升许多东西。学化妆要循序渐进，从简入手，开始不要过于复杂，复杂的构想乱了分寸会使自己无所适从，以致伤害了学习化妆的兴趣。以下是学好化妆须了解和掌握的基本要领：

掌握化妆的四大要素：正确、准确、精确、和谐，依此要素迈出你成功化妆的步子。

培养审美鉴赏能力。不断地培养你的审美鉴赏能力，这是费时才能做到的事情，它需要你在文化艺术修养方面持续学习。有没有较快提升审美能力的办法呢？有一个方法可以向你推荐，即在日常生活中多看书报、杂志、影视作品，不断观察和揣摩优雅人士的妆容和整体造型，细心观察、研究、体会这些妆容和整体造型，耳濡目染，日积月累，会激发、挖掘、培养出你在这方面的审美能力，你又通过不断地实践提高这种能力，这种方法是行之有效的。

化妆需要好心境。化妆要配合女人一份好的心境。选择有品质的、名贵的化妆品，是获得这份心境的一项投入。有品质且名贵的化妆品，其优雅的包装品质和柔润的质感会催生你优美的心境，也正因为它名贵，你对它的珍惜、爱顾和悉心呵护也优雅了你的心境。

化妆前洁净肌肤。化妆要以尽可能好的肌肤状况为基础，皮肤要清洁干净，保持良好的光洁度和湿润度，否则妆面飘浮在不洁净或粗糙的皮肤表层，就不可能产生良好的妆容美感。皮肤保养和化妆前正确的清洁方法，特别是清洁表面堆积的角质层等方法，你应当学习和掌握。

用品质好的化妆品。化妆品对化妆的效果有直接的影响。化妆总是化不理想，有时并不是你的技术有问题，而是你使用的产品质量有问题。你应该根据自己的消费能力，尽可能选择品质好的化妆品，特别是使用频率较高的彩色化妆品如口红、粉底、眉笔等。彩色化妆品每次用量并不多，一件产品可以用较长的时间，好的质量是非常重要的，不同品质的产品质地感、色彩感、细润程度通常差异是较大的。记住，化妆的目的是为了美，而不是为了有色彩。没使用好的产品，色彩是有了，美却没有体现，这便违背了化妆的本意。

使用高品质的化妆工具。好的妆容要用好的化妆工具来完成，你要有一套简便和质量讲究的化妆工具，并学会使用和养护它们。

保持化妆品的洁净。你的产品一定要洁净，无论是粉底还是口红和眼影，被污染了或超过了使用期限，它的细腻度、色彩感都会受到较大的影响，化妆效果都不能保证。这就是为什么不少人常说："怎么化都化不好?"其实检查一下这些人的化妆品，很多问题出在化妆品过脏、不善保养上。

化妆要反复练习。化妆是要反复练习的，对平日化妆不多并没有经过专门训练的人来说，应急性的化妆练习，不但对付不了"燃眉之急"，往往还因效果不佳而败了化妆的兴致。化妆练习，既可以在脸上，也可以在纸上或身体其他部位，比如眉毛和唇形，仅仅靠脸上的练习是不够的。化妆就如同在脸上绘画，一个普通的圆，绘画时你不经过反复的练习，不画个数百次，能达到随心所欲、出神入化的境界么？女性面部的线条和色块是非常敏感的，化妆时细微的处理是否妥当，不仅影响观瞻，还会造成性格、气质等的嬗变，要多加练习并小心对待。

突出你的优势部位。化好妆，要把握一个基本要点，即你化妆的重点应该是你比较有优势的部位，不要去过多地涂抹不足或有缺陷的部位。

有一个心爱的化妆包。化妆包是开启女人美好愉悦心境的伴侣，你要选购一个精美、爱不释手的化妆包，装着你心爱的件件随身化妆品，即便不能每件都是名牌产品，一定要有一两件能令你珍爱的。

随着生活水平的提高，现代人对美的追求可谓“无孔不入”。当耳朵、鼻子、嘴唇、肚脐等能够显“酷”的地方都被发挥得淋漓尽致后，追求时尚的年轻人又开始“武装”自己的牙齿，让牙齿熠熠发光，展现个性，突出自我，使青春的气息锐不可当，很快美牙备受前卫、时尚人士的青睐。专家提醒：美牙不能以损害健康为代价，美牙需要谨慎选择有关方法，以达到功能和外观的和谐美。否则，美牙不成反伤牙。

美牙美成“慢性根尖周炎”

据《南方都市报》报道，今年 24 岁的李小姐身材高挑，皮肤白皙，但一颗门牙有点外翻，用她的话来说是“唯一的瑕疵”，为了让牙齿变得美观，她四处打听，后来在一个私人牙科诊所做了牙齿美容修复。牙医先是把李小姐需要修复的门牙锯掉，然后做烤瓷牙，修复后的牙看起来跟真牙没什么两样。

可惜好景不长，三个月后，李小姐开始感觉牙齿肿痛，到原来的牙科诊所，牙医说是发炎，开了点消炎药，但肿痛反复发作，最后到另一口腔医院检查，医生经过详细的检查，发现李小姐的牙根很短，打桩后的根管壁有一侧穿孔且根管内有断针，时间长了就形成慢性根尖周炎，最后李小姐不得不忍痛

“舍牙”，把牙齿拔了再镶假牙。“早知道是这样，我就不做牙齿美容了。”李小姐后悔不已。

女教师做烤瓷牙美容术，生活、工作添痛苦

据中国美容网消息，张女士于2005年到某外科医院诊所做烤瓷牙美容术，每颗牙按210元付费。院方安排医生为其治疗，当天就对她的牙齿进行打磨，并做了临时牙模。回家后，她按医师的吩咐吃药，并忌酸辣等食物，但牙齿一直发炎，疼痛难忍。一周后，她来到这家诊所换烤瓷牙，谁知换上后更加疼痛。她只得又返回该院医治。

此后，按医师的要求，张女士虽然对能取下烤瓷牙的牙齿按时进行了数十次的医治，但仍有4颗未取下烤瓷牙的牙齿一直疼痛。在她的记录本上面密密麻麻地记了40多次后续治疗情况。张女士说，“近两月来，我积极配合医师，每三五天就到该院进行后续治疗，但至今仍有4颗牙疼痛不已。”张女士气愤地说：“最使我无法接受的是，由于两颗上门牙套长期脱落，我吃药、喝水时曾4次将牙套吞进腹中，有时在课堂上给学生讲课，讲着讲着牙套就掉了，使我非常尴尬，我一年多来无法正常工作、生活。”

美牙容易形成牙炎

美牙虽然平添了美丽，但不要盲从。医学专家提醒，牙齿本身没有病变不提倡随便美牙，因为如果技术和设备不到位，容易在治疗过程中发生问题，久而久之，牙齿就会形成慢性牙髓炎或根尖周炎，发展到肿痛，甚至就要付出拔牙的代价。案

例一中的李女士就是这样。据统计，做根管治疗发生断针的几率是2%～5%，尽管根管治疗已经是比较普遍的治疗牙病技术，但由于这个项目的技术和设备要求比较高，一般的牙科在发生断针的时候不能及时取出来，时间一长就成了“美牙不成反伤牙”。因此，做美牙手术要到条件具备的正规医院去做。

做烤瓷牙要到正规口腔科

很多人认为，牙齿问题不是什么大毛病，随便找一家诊所看看就行了。果真如此吗？据报道，由于利润可观，一些医院以及口腔诊所不负责任地为不符合条件的患者安装“烤瓷牙”，导致许多患者出现病情恶化的情况。而且烤瓷牙的功能只达到正常牙齿的50%～70%，因此专家特别提醒，做烤瓷牙时别只看价格，烤瓷牙的材料、医生的技术水平和治疗设备才是最重要的，想要做烤瓷牙的朋友首先要选择正规的口腔科。以防造成不必要的牙齿损伤。

烤瓷牙良莠不齐

烤瓷从19世纪初叶已开始使用，它是一种良好的材料，具有质硬耐磨、表面光滑、色泽好、化学性能稳定、不溶于唾液和组织相容性好的优点。

近十多年来发展起来的高强度的金属烤瓷技术，为牙齿缺损、缺失的患者带来了福音。金属烤瓷是在高温烤瓷合金的牙冠表面或桥体支架上涂瓷，经过在真空高温炉里熔结，形成金属—瓷复合结构的修复体。

这种修复体具有金属的高强度、瓷的美观性和牙齿的逼真性，以及耐磨等优点，对缺失的前牙和后牙的修复，都能达到修复缺牙的理想的功能、形态。能够完善发音，以及使修复体与邻牙、与口唇、与牙颌、与面形相协调，给自身及他人以完整、和谐的美感。这一技术除了修复缺牙外，还可以用于修复变色、氟斑、釉质发育不全、锥形和部分缺损的前牙，对后牙大面积缺损修补后无法恢复牙齿形态等情况，也可以通过这一技术来恢复牙齿的本来面目。

随着生活水平的提高，越来越多的人对牙齿的要求不仅仅停留在没有牙病上，而且还要求牙齿整齐洁白。如今做烤瓷牙已经蔚然成风，但面对品目繁多价格各异的烤瓷牙，有需求的人犹如雾里看花，一时间不知道找哪家医院，做哪种烤瓷牙。

需要提醒朋友们的是，到正规的口腔科是前提，专业设计综合考虑是保证。专业的医生会立足于健康和美学进行统筹考虑。健康主要是指，对于患有牙周病、牙龈炎、龋齿的患者，专业医生首先会对这些疾病进行相关治疗，在确保治疗好的情况下，再进行烤瓷修复。

选择烤瓷牙材料大有讲究。烤瓷牙因材料不同而效果也有所差异。很多人认为贵的烤瓷牙材料做出来的效果会更好，其实这是一种消费上的误区。牙科专家建议，在选择烤瓷材料时，顾客可以根据治疗的目的有针对性地选择，如果为了美观需求可选择一些色泽更逼真、价格高一些的烤瓷材料比如金沉积、全瓷或者贵金属材料；如果仅是为了恢复牙齿的咀嚼功能，可以选择坚固耐用，颜色相对次之，价格稍低的普通烤瓷材料。当然不管选用哪种烤瓷牙材料，都离不开专业医生的精确操作，只有二者做到最好，才能让烤瓷修复后的牙齿更完美无瑕。

为此，美容专家提醒：把做烤瓷牙当做一种时尚是错误的。并非所有人都可以做烤瓷牙，有口腔疾病者应慎做。

美容专家认为，适合做烤瓷牙修复的牙齿有以下5类：

一是牙齿缺失的，一般要求缺失数目较少，并且邻牙健康，没有炎症或虽有炎症，但经过治疗得到控制，经医生检查可考虑做烤瓷牙修复；

二是牙齿颜色或形态不佳，如四环素牙、锥形小牙等；

三是牙列形态异常又不宜做正畸治疗的患者，可考虑做烤瓷牙修复；

四是因外伤而折断的牙齿或残留的牙根，如牙根有足够的长度，牙周情况又较好时，经过完善的根管治疗，可进行烤瓷牙修复；

五是龋齿或牙齿缺损较大，牙齿变色呈灰色或黄褐色，可通过烤瓷牙恢复美观及增加强度。

美牙靓齿健康为本

世界卫生组织颁布的口腔健康标准是，牙齿清洁，无龋齿，无疼痛感，牙龈颜色正常。权威部门曾经在美国对20岁以上的上班族进行过一项牙齿美白调查，结果发现81%的人希望拥有一口洁白的牙齿，有39%的人认为自己的牙齿不够白，而愿意采取措施对牙齿进行美白。

近期，有牙科专家指出，不顾一切地洁牙、美牙，不仅可能适得其反，让牙齿呈现不自然的光泽，还有可能使原本健康的牙齿受到伤害，破坏牙本质层，引起牙齿过敏，出现冷、热、酸、痛等多种不良症状，还可能造成一些难以修复的其他问题。专家分析说，造成牙齿着色、发黄的原因有很多，一般来说分为内源性和外源性两种。外源性着色是由于牙齿表面存在着多种细菌，它们在牙齿表面分泌许多黏性物质，日常饮食中的茶垢、烟渍以及饮用水中的某些矿物质吸附在这些黏性物质上，逐渐使牙齿变黄或变黑。

内源性着色是在牙齿发育过程中形成的，如四环素沉积在牙本质内，就会使牙齿变成黄色、棕色或暗灰色，称为四环素牙；如果饮用水中含氟过多，也可能导致氟斑牙，牙面呈白粉笔色、棕褐色斑块，如果牙神经坏死与细菌分解产物结合也可使牙齿变黑。

在做美牙的时候，应该根据牙齿的不同结构和成因选择不同的方法。对此，一些人的盲目尝试和选择实际上进入了一种消费误区。

更有爱美的人们不满足于单纯的牙齿美白，他们在牙上做起了新的文章，水晶牙、绣花牙、烤瓷牙等新名词不断涌现。对此，牙科专家建议，无论是在牙齿上镶钻还是在门牙上穿针引线，其前提还是要保持牙齿健康，美牙靓齿健康为本。

过度美牙影响咀嚼、发音

据权威牙医指出，过度“美牙”会造成损伤。所以，建议那些牙齿并没有明显缺陷，不影响功能者不要盲目赶这份时髦。时下流行的牙齿美容涵盖修复、脱色、覆盖、排列齐整等项目，价格普遍较昂贵。牙科专家提醒：过度美容只会弄巧成拙，影响人的咀嚼、发音等功能。如目前较为普遍的激光、涂药水等牙齿漂白法，对牙肉一般有刺激作用；而颇为流行的烤瓷牙，须先将牙齿磨到规定程度才能安装，容易造成牙齿损伤。专家还强调指出，大多正规美容方式对人体危害并不大，但对于内漂白、装烤瓷牙两种美容项目应格外谨慎，因为这两类美容均须抽掉牙髓，致使牙齿变脆，易影响正常功能。

警惕！补牙可能暗藏风险

在一些城市的大街小巷里悬挂着不少招牌：上面“镶牙”二字赫然入目。有时，在马路边或集贸市场，也能见到有人身穿白大褂，面前摆一张桌子，桌上放一些凌乱的假牙和几把钳子，几个小瓶子，旁边还挂一条横幅或者一块白布，上面写着“无痛拔牙、快速补牙、镶牙”等字样。如果把牙齿交给这些行医执照无保证、技术器械不合格的医生，就很可能发生补进嘴里的修复体（假牙）与嘴巴“不咬弦”，天天在口腔里捣乱的情况，时间长了会导致口腔黏膜溃疡。

医学专家指出，修复体跟口腔作对可能是两方面原因造成的，一是与医生医疗技术有关，二可能是患者不懂得保护修复体。实际上，修复体有很多种，固定桥、全冠修复、活动义齿等。路边游医在补牙、镶牙时，采用的材料很可能是伪劣产品，修复体往往不能正常使用，也会出现感染、疼痛等并发症，长期刺激容易诱发口腔疾病甚至癌症，由于修复体的掩盖，病人往往不能及时发现和预防，等到就医时可能已是口腔癌晚期。

医生安装修复体的技术也很关键。最常见的就是修复体边缘不整齐，有的医生把烤瓷金属的一头磨得尖利，放在嘴巴里如利刃般天天摩擦口腔黏膜，口腔黏膜怎能不发生溃疡呢？

影响牙齿健康与美观的因素

影响牙齿健康与美观的因素主要有：牙齿的形状过大过小、先天性畸形牙、外伤及蛀牙引起的缺损等；牙齿的颜色如四环素牙、氟斑牙、黄斑牙、釉质发育不全、死髓牙及蛀牙等；牙齿的排列如前突、后倾、扭转、拥挤及牙缝过大等。

目前治疗方法主要有：1. 形状异常：可采用光固化树脂、瓷贴面及烤瓷冠等；2. 颜色异常：超声洁牙用于外源性染色如烟斑、茶渍等；3. 排列异常：美容性修复用于少数牙排列不齐，正畸治疗用于多数牙排列不齐。专家提醒各种方法都有严格的适应症，美牙不能以损害健康为代价。

美牙妙法

笑容是世界上最美丽的符号。在不再推崇笑不露齿的年代，牙齿在笑容当中所起到的作用是可以想像的。而且逢人见面，牙必外露，最能体现人之风采。所以，越来越多的人关注这一排牙齿，牙齿美容也成为了一种时尚。但怎样才能让你的牙齿更美呢？

据了解，目前牙齿美白共有三种方法。首先是医院最常见的洗牙，即用超声波高速频率的震动，洗去牙齿表面由于抽烟、喝茶而造成的软垢色素和牙结石，达到美白的效果。保持的时间大概是半年到一年。

其次是漂白。其原理是把一种叫做过氧化脲的胶状药物放在牙托里，然后套入牙齿，通过一系列化学作用使之变白，但大概半年左右就会恢复到原来的颜色。

最后一种是新推出的激光漂白。激光漂白主要是运用激光加药物的疗法让牙齿迅速脱矿，它对于染色牙的效果还是不大好。

烤瓷牙完美缺损牙

牙齿缺损较大，特别是有牙齿脱落情况的，可以考虑采用烤瓷牙。据介绍，烤瓷牙也叫烤瓷套冠，是在真空烤瓷炉里高温高压制作而成。主要原理是将金属和瓷混合使用，里面是金属，外面是瓷，将牙表面磨去 1.5 毫米的厚度后，套在真牙外。据了解，这种修复方法，如果制作得好，至少可保持十年甚至更长时间。

但有口腔正畸专家指出，并非所有人都可以做烤瓷牙。如严重的牙周病患者、牙齿松动厉害，就不适宜做烤瓷牙。

贴面可代替烤瓷牙

牙齿缺损不大、牙间隙不大、轻度牙齿不齐，轻中度四环素牙等情况可以选择贴面修。贴面可分为普通树脂贴面和瓷贴面，原理是在磨去部分牙齿后在牙齿表面贴上贴面，既可保持牙齿形状、大小和正常无异，同时还可以达到遮盖颜色和修复缺损等作用。树脂贴面因打磨抛光困难颜色不自然而且容易老化变色；而瓷贴面集普通烤瓷牙和普通树脂贴面的优点于一体，可在尽量少磨除牙体组织的条件下达到最佳的美观效果，在美观方面优于普通烤瓷牙，是改善黄牙的贵族手段。如果做得好可以保持七八年。

正畸还你整齐牙齿

牙齿畸形一般是指牙齿排列错位、拥挤不齐，上下牙弓、上下颌骨及咬合关系异常等。通常这种牙齿都应通过正畸治疗（即箍牙）来矫正。

专家建议，正畸治疗越早越好，最佳矫治时间分别在 4 岁左右和 12 ~ 15 岁。因为固定矫正器的工作原理是利用丝弓的弹性，产生持续的拉力，把牙齿勒整齐，通常需一年半至两年时间。

矫正期间除了每月坚持检查，由医生调整丝弓的拉力外，还要注意口腔卫生，必须饭后刷牙，同时配合使用矫正期的间隙牙刷，彻底清洁，避免口腔溃疡等疾病。

饰齿为牙锦上添花

据了解，近年来，在国外非常流行的“饰齿”、“文齿”等也开始在我国出现。“饰齿”就是采用特殊技术，在真牙的表面贴上一颗水晶、钻石等，这种方法不致对牙齿本身造成损伤。而“文齿”就是在牙上刻花。有关人士说，如果在真牙上文花纹，又要文出的图案不脱色，文刺深度往往要达到牙本质层，这样极易引起牙齿的冷热酸痛，甚至引发牙髓炎。所以文齿最好在烤瓷牙上做。

牙齿美白的健康提醒

美白方案一：激光美白

对于牙齿排列整齐，仅颜色不满意的黄牙、四环素牙的朋友来讲，应用传统美白方法不能彻底消除色素，沉积于牙本质深层的色素清除起来也更困难，而选择激光美白牙技术就能让这些问题迎刃而解。

美白方案二：护牙素

氟斑牙是一种与饮用水有关的氟含量过高导致牙釉质脱钙使牙齿表面形成黄色或者白色的斑点。对于患有轻度氟斑牙的人来说，通过激光美白技术可以实现美白愿望，而重度氟斑牙应有激光美白技术，效果不是很理想，而最新研发的护牙素才是重度氟斑牙的“克星”。

护牙素不仅适宜正在生长发育中的中、小学生及中老年慢性牙龈炎、牙齿松动者使用，而且更适合工作繁忙、无暇美齿又深受氟斑牙困扰的爱美人士。

《北京晚报》的一则报道称，常在外国电影里看到的十几岁的孩子戴着牙套的情形在北京越来越多了。这个寒假，正在读初中的融融（化名）被妈妈带到医院进行正畸治疗。刚开始带女儿去正畸时，融融妈还担心女儿不愿意戴牙套，后来跟女儿一打听，才知道“正畸”已经是学校里的“时尚”了，班里有一半以上的孩子都和她一样：一笑一口“钢丝”。赶上这拨“时尚”的还有一些中青年人。今年31岁的杨女士5年前就在一家医院进行了正畸治疗，当时戴一口“钢丝”的她，被同事笑称是“铁齿铜牙”。

保护牙齿健康，最基本、最经济的方法是有效刷牙，以祛除食物残渣和牙面菌斑，按摩牙龈。正确的刷牙方法是竖刷法或拂刷法，拂刷法是指牙刷与牙面呈45度角，小幅度水平颤动和旋转。每天刷3次牙，每颗牙刷3个面，每次持续3分钟。

选用磨毛保健牙刷和含氟化物的牙膏。

牙刷保养做到每人1把，刷后用清水多冲洗几次，甩干水分。1个月换1次牙刷较好，最多不超过3个月。刷牙以温水为佳，水温以35℃～37℃为宜。牙刷刷不到处可合理使用牙线、牙签或间隙刷，去除细菌和食物残渣。

均衡地摄取食物，保护牙齿健康。

提倡每半年定期进行1次口腔检查。

眼袋可除但需慎之又慎

时下不只是人到中年，即便是十七八岁的年轻人也会有着眼袋的烦恼，顶着臃肿的下眼皮，整个人都显得苍老了许多。于是，越来越多的爱美人士开始认为："眼袋，一定要除。"做眼袋去除手术，如果手术成功，当然能达到自己爱美的心愿，可如果手术不成功，后果就无法想象了。因此，做眼袋去除手术，一定要慎而又慎。

除眼袋却留疤痕

据搜狐网2005年消息，北京某美容中心为33岁的梅女士施行了双眼除眼袋及面部提升术，在梅女士两个下眼皮、双鬓、头顶接近前额处实施了开刀及缝合治疗。为此，梅女士支付美容款9000元。然而，术后的梅女士两鬓和头顶接近前额处的手术部位出现了疤痕、头发缺失等症状。梅女士将该美容中心诉至法院，法院在审理中发现该美容中心的卫生许可证上写明的许可项目为"非医疗性美容"，但为梅女士实施的手术属于医疗美容范畴，而且实施手术的相关人员也未取得在北京市从事医疗美容服务的相应资质。法院认定该中心的经营行为构成欺诈，判令该中心双倍返还梅女士美容款1.8万元，赔偿其精神抚慰金3000元。

吸脂除眼袋不可取

除眼袋手术是美容外科常见的手术之一，如何做好，如何预防并发症的发生，如何使手术效果维持长久，也许是许多爱美人士关心的问题。在此，我们首先需要了解眼袋形成的原因。除了个体和遗传因素之外，眼袋的形成主要由两方面因素构成：一是眼窝脂肪的堆积和凸出，二是眼睑皮肤以及眼轮匝肌的松弛。针对此成因，一部分年轻患者，可采取经眼结膜切开，将堆积的脂肪取出的结膜内路法手术。此法优点是在表皮不留任何切口痕迹，所谓的吸脂除眼袋就是这种方法。到目前为止，国际上应用最多的手术方法是眼睑缘切开法。这种手术的具体操作是：沿眼睑边缘下 2～3 毫米处切开，再向外延伸至眼角鱼尾纹。通过手术切口，使下垂的脂肪切出并严格止血。而后，再根据眼袋形成程度，适当处理眼轮匝肌及切除多余的皮肤，尤其是对于眼轮匝肌的处理可使手术效果更持久。

目前，国内一些美容院应用吸脂法除眼袋，而吸脂术在国外主要用于全身吸脂减肥，吸脂除眼袋在国外临床及教科书上尚未见过。吸脂术发明者、国际著名美容外科专家 Drillouz 认为，在盲视下用针头抽吸脂肪，伤及血管的可能性较大，存在着影响眼球和视力以至造成失明的可能。另外，下眼睑的眼窝脂肪一般有三处，去除多少为好不仅是审美关问题，而且是医学常识问题。因为眼窝脂肪界于骨性眼眶和韧性眼球之间，起着缓冲压力、保护眼球的重要作用。不难想象，在眼眶骨骼和眼球之间，如缺少了正常脂肪组织间隔，一旦发生颜面骨折，眼球将是何等危险！因此，眼窝脂肪只能适当去除，决不能全部除去。从美学观点看，为追求“欧式眼”，将眼窝脂肪挖空，与我们东方人的整体形态极不协调。所以，吸脂除眼袋提法上不科学，做法上更不可取。另外，眼睑边缘下切开手术法，如果手术医师经验丰富，切开整齐，缝合细巧，一般经过一段时间的恢复后，切开线就形成不明显的皮肤纹理，毫不影响美观。至于常见的合并症，诸如眼睑外翻、切口瘢痕等不是手术方法问题，而是手术技巧、经验和缝合材料的问题。“立竿见影”的手术决不是彻底持久的手术，因为人体组织的恢复需要一定时间，否则，只能是短期效应。

做眼袋去除手术也要选择正规的医院和医生。正规的医院相对来说医生素质要高，条件较好，对可能出现的医疗事故能够应对。

眼袋手术也不能小看

眼袋又名眼睑袋，是由下眼睑部皮肤、眼轮匝肌松弛，眼眶膈脂肪经薄弱的眼眶隔膜向外凸出、下垂所致。表现为下眼睑皮肤松垂、隆起，给人以衰老、精神不振特别疲惫的感觉。当您没出现眼袋时，您可以通过使用眼霜等物理方法进行预防。但是，一旦眼袋出现后，只有通过手术的方法去除眼袋，术后医生一般仍建议结合使用眼霜，使你长久地拥有年轻。

眼袋手术会留疤痕吗?

年轻人单纯眼眶膈脂肪凸出者，只用内吸法即可去除眼袋，此法在结膜内做切口，皮肤表面不开刀，做后不红不肿，看不出手术痕迹。其他情况的眼袋，切口的选择在睫毛根部，切口隐蔽。正规医疗机构进行此类手术一般会采用无损伤、比头发丝还细的缝合线进行精细缝合，愈后不留手术痕迹。

双眼皮、眼袋手术后该注意哪些问题?

术后早期尽量避免辛辣刺激性，海鲜等食物。口服消炎药3~5天。休息时尽量垫高头部，有利于眼部血液循环，同时要尽量规律作息时间，注意劳逸结合。

除眼袋手术做完反弹吗?

一般来讲除眼袋手术术后是不会反弹的，脂肪去除是不会再长的。但有一点需要说明的是：下眼睑皮肤会随着年龄的增长而正常地逐渐松弛，从而形成皮肤松弛型眼袋。在施行眼袋手术的同时，医生就会将此项下眼睑动态变化考虑到其中去，并经特殊处理使其延缓衰老。而且除眼袋手术术后的皮肤养护也是很重要的。

做除眼袋手术疼吗？影响工作和学习吗?

传统的除眼袋手术术后需要休息几天，但现行的除眼袋手术术后无疼痛，无须特殊休息。内路法术后即可上班，不影响工作和学习。外切法术后加压包扎24小时，4天拆线。

除眼袋有几种方法？分别适合什么样的人群?

据了解，眼袋的形成一般有几种，其中包括单纯下眼睑皮肤松弛者，整个下眼睑呈“袋状”松弛者和眼轮匝肌肥厚者，或其中有两种或三种情况同时存在者。传统的除眼袋的手术分两种，一种为外切法，适合任何人群，一种为内路无痕法，只适合下眼睑脂肪脱垂而无皮肤松弛者。且两种方法的损伤均较轻。随着人们要求的日益提高，传统的手术方法已不能满足人们的要求，目前，已经设计出适合多种不同人群情况的不同手术方式。例如有些人在除眶脂的同时一定要结合紧缩眶膈才能使手术后达到理想的效果。

什么年龄适合做眼袋去除手术？

现代医学已经证明，眼袋的形成有很多因素，遗传是重要因素，而且随着年龄的增长愈加明显（皮肤老化通常从30岁开始）。此外，如果患有肾病、妊娠期间、睡眠不足或熬夜疲劳等也都会造成眼睑部体液堆积，形成眼袋。从外貌上看，眼袋很容易使人显得苍老、憔悴，因此基于美容的追求，割除眼袋手术是美容外科常见的手术之一。

一般来说，割除眼袋手术主要与本人的皮肤松弛程度以及眼部脂肪的厚度有关，与年龄没有必然的联系。对年轻人施行这种手术，如果年龄在20～30岁左右，皮肤松弛程度不严重并且眼底皱纹不多，只是眼底脂肪突出时，单纯去除脂肪就行了，也就是做眼底脂肪去除术。而对中年人，要切除眼睑的脂肪和皮肤。此外，去眼袋手术只要保证不沾水，在任何季节做都是可以的。

整容师建议：除眼袋手术需趁早

除眼袋手术是目前各种整形手术中做得比较多的。眼袋的形成是由多种因素造成的：遗传、眼眶膈松弛造成眶膈脂肪由于重力作用脱垂，以及用眼疲劳等都会形成眼袋。年轻人的眼袋以遗传因素居多，中老年人则多由皮肤自然松弛而引起，但总的说来，在形成机理上是差别不大的。因此，只要有了眼袋，越早做越好。

早除眼袋不留痕迹

因为人在年轻的时候，皮肤弹性好，恢复较快，只要从眼内手术，直接取出脂肪就可以了，不需要去除皮肤，也就是所谓的无痕除眼袋法；而随着年龄的增长，下眼皮附近的脂肪会堆积得越来越多，皮肤的压力跟着增大，就像盛了水的袋子一样，久而久之，皮肤松了，所以，只能在取出脂肪的同时去除部分皮肤，因而即使技术再高超，也免不了会留下些细微的疤痕。

术后至少休息3天

尽管除眼袋手术出现问题的比较少，但只要是手术，就存在一定的风险，除眼袋手术也可能会有着很多的并发症。手术不当，经常会出现眼睛血肿、感染以及下眼睑外翻等状况。所以，做手术一定要选择正规的医院，并且在术后要注意休息，少用眼。一般来说，进行内切手术的，需要恢复3天左右；而进行外切手术的就至少要休息一个星期了。至于有些人担心除眼袋后会不会再复发的问题，医学专家解释说，理论上，只要手术没问题，就不必担心眼袋会再次出现，只是皮肤变得松弛是有可能的。所以，保护眼睛，避免过度疲劳非常必要。

此外，眼袋实际上也有真性与假性之分。所谓真性眼袋就是指那些脂肪脱垂造成的，而假性的也可以叫做肌性眼袋，一般是指眼轮匝肌肥厚、突起，这种眼袋比脂肪突出的位置要略高些，尤其人在笑起来的时候，会比较明显。有假性眼袋，就更要注意充分休息，在睡前尽量不要喝水，这样才能避免在第二天早上出现眼睛的水肿。

预防眼袋重在习惯

预防眼袋有一些行之有效的办法：

1. 眼睛周围的皮肤极薄弱，化妆或卸妆的时候，动作要轻柔，切忌用力拉扯皮肤。画下眼线时以不拉动眼皮为原则，为求方便，可以用干粉扑轻按在面上来稳定手的位置，这样便不容易画错位置了。

2. 洗面时，用棉花抹洗眼睛周围的皮肤，比用粗糙的毛巾好。配戴隐形眼镜的时候，不要拉下眼皮，如果想方便地戴上镜片，可轻轻拉高上眼皮。

3. 不要养成擦眼睛、眯眼睛、眨眼睛的坏习惯；阳光猛烈的时候要戴上太阳眼镜。切忌减肥、节食，以致营养不良或体重突然下降的现象出现，因为脂肪量迅速改变会影响皮肤弹性。

4. 每天要多喝清水，至少八杯，尤其是早上起床时，晚上则不适宜饮太多水。早、晚要涂眼霜，早上可用有紧肤效用的眼霜，晚上则使用能补充水分的滋润性眼霜。眼部卸妆应用专用的卸妆液，一些专用的清爽眼部卸妆液能够温和并彻底卸除一般甚至油性的防水眼部化妆品，并能同时滋润眼部肌肤。

补救方法

倘若不幸眼袋已形成，仍可采取以下补救之法，让眼袋浮肿情况获得改善。

1. 把一小杯茶放入冰箱中冷冻约 15 分钟，然后用一小块化妆棉浸在茶中，再把它敷在眼皮上，能减轻眼袋浮肿程度。

2. 睡前用无名指在眼肚中央位置轻压 10 次，每晚持之以恒，以舒缓眼部浮肿的问题。

3. 即效精华眼霜，帮助增加眼部肌肤的弹性及结实度，并保持眼睛周围皮肤水分平衡。

4. 三效眼霜，帮助增加眼部肌肤的弹性及结实度，并保持眼睛周围皮肤水分平衡。

眼袋是众女士的头号公敌，当它一旦形成，便会“不离不弃”，所以，对付眼袋的最佳方法就是防其于未有。眼袋的形成是由眼窝中的脂肪消减而引致，这与年龄的增长也有关系。眼袋除了有碍观瞻，亦会阻碍眼部的血液循环，眼睛皮肤因而变得干燥。因此，预防眼袋显得尤其重要。

去除眼袋的救急法

现代人睡觉严重缺乏。成年人要保持 6 个小时的深度睡眠。睡前 1 小时不要喝水，也不要喝含有酒精类的饮料。多梦、紧张，睡 10 个小时也不够，睡眠不足，直接造成黑眼圈、眼袋。消除眼袋和黑眼圈的方法：往碟子里倒些牛奶，将脱脂棉放进去，在冰箱里冻一下，拿出来放在眼睛周围敷 15 分钟。或者用冰的苹果片、黄瓜片、土豆片敷，都能消除眼袋和黑眼圈，但这只是救急的方法，不建议长期使用。

女子防晒也有陷阱

烈日当头，街头的女士们不管是骑自行车的还是骑摩托车的，纷纷披上白色的披肩来阻挡紫外线的侵蚀。而商场内各种防晒用品绚丽多彩、分外妖娆，随着人们对美容护肤的日益讲究，对护肤用品也提出更好的、更科学的要求。面对商场里那琳琅满目的防晒用品，消费者不禁提出质疑：防晒霜真能防晒？太阳伞真能抵挡紫外线？其又能抵挡多少？美联社撰文指出，消费者对防晒产品存在误区，化妆品生产商在广告中对产品功能进行夸大其词的描述将消费者拖入了陷阱。

当心劣质防晒产品

夏季来临，许多市民纷纷购买夏季用品以达到防晒的目的，然而记者调查发现，目前市场上的一些防晒用品存在着陷阱。

太阳伞太便宜防不了紫外线

在炎热的夏天，走进大小超市，不难发现：功能相同的太阳伞市场差价很大，从 10 元到 100 元的都有。售价 10 元左右的太阳伞在超市、商场都很畅销。只有少数品牌的太阳伞有详细的品质说明书，上面有面料名称、成分及具体防晒数值；大多数太阳伞的标签上，生产、经销单位名称不全，甚至有些根本没有标签，只是外包装上印着“防紫外线伞”的标志。

事实上，一把合格的防紫外线太阳伞，即使采用最普通的面料，成本也高于10元，且需要经过特殊处理才能具有抗紫外线功效。一般来说，防紫外线性能跟伞的颜色有关，颜色深的抗紫外线性能强，浅的要差一些。此外，防紫外线性能以缎织物最好，以下依次是斜纹、平纹，颜色自然是越深越好。

太阳镜外表光鲜不能“防紫外线”

一些商场内销售的太阳镜看来颜色鲜艳、外形时尚，最受年轻人的青睐。但是，这些太阳镜中有些镜面弧度过大，镜片的色差也不小，戴后让人有视觉模糊、看路面不平的感觉。眼科专家表示，夏季选购太阳镜，时尚的并不一定有防晒的效果，有的还会伤害眼睛。据专家介绍，太阳镜能够阻挡紫外线，是因为镜片上加了一层特殊的涂膜，劣质太阳镜不但不能阻挡紫外线，还让镜片透光度严重下降，使瞳孔变大，紫外线大量射入会令眼睛受损。此外，劣质镜片还使人出现恶心、健忘、失眠等视力疲劳症状。因此，选购太阳镜时要到商场和正规眼镜店，且所买太阳镜的颜色既不能太深也不能太浅。

夏天防晒是必须的，但是，要警惕劣质防晒产品。

女士夏季防晒 小心走入的八个误区

误区一：防晒品越贵越好

防晒化妆品隔滤紫外线的能力，在于所含的防晒成分和含量，与价格高低并无绝对关系。一般说来，SPF值愈高，价格也愈高，加有保湿成分、具有低敏感功效的防晒化妆品，价格也会较高。贵的防晒品也不一定就适合你，因此还应视个人肤质需求选择。

误区二：防水性防晒护肤品要多用

专家指出，防水性防晒护肤品最好只在游泳时选用，因为这类产品多为油包水乳化型，涂在皮肤上很油腻，给肌肤不透气之感，且容易堵塞毛孔。

误区三：SPF 值越高防晒效果越好

SPF 的含义是指皮肤抵挡紫外线的时间倍数，并非越高越好。一般情况下，外出购物、逛街时可选用 SPF 值为 5～8 的防晒产品即可，外出游玩或游泳、日光浴时则需选用 SPF 值偏高的产品。

误区四：SPF 值能累加

有些人以为即使自己使用的防晒产品 SPF 值较低，但只要涂抹两层，SPF 值就会相应变高些，其实并非如此。

误区五：室内、阴天不需要防晒

即使在室内，紫外线仍会从门窗及四周物体上折射，伤害仍然存在；阴天，紫外线依然会伤害肌肤。

误区六：临出门才涂抹防晒品

由于防晒品被肌肤吸收需要一个过程，所以最好提前约 20 分钟涂抹，如去海滩，还可提前 30 分钟涂抹。

误区七：防晒护肤品不能在上妆前使用

上妆前使用防晒护肤品，可起到隔离、保护作用，隔离彩妆、日光、粉尘对肌肤的侵害。

误区八：早上涂一次就万事大吉

防晒护肤品的使用要达到一定的量才会起到防晒的作用，每一次涂抹后需间隔 2 小时再补涂一次，否则防晒效果不理想。

紫外线与防晒

炎炎夏日，肌肤如临大敌，如何防晒和美白自然成为人们关心的话题。对于“紫外线如何伤害皮肤，阴天需不需要防晒，如何选择防晒品”等，你可能会有一系列的疑问。而这些问题，你都可以在以下的内容中找到答案。

紫外线知多少

紫外线根据波长可以划分为长波 UVA、中波 UVB 和短波 UVC 三种。波长越长，穿透能力越强。

UVA 造成皮肤损伤、老化

长波 UVA，波长介于 320～400 纳米，具有很强的穿透力，能穿透玻璃，甚至 9 英尺的水；且一年四季，不论阴晴、朝夕都存在。日常皮肤接触到的紫外线 95% 以上是 UVA，因此它对肌肤的伤害最大。UVA 能透过表皮袭击真皮层，令皮肤中的骨胶原和弹性蛋白受到重创，且真皮细胞自我保护能力较差，很少量的 UVA 便能造成极大伤害，久而久之，皮肤产生松驰、皱纹、微血管浮现等问题。同时，它又能激活酪氨酸酶，导致已有的黑色素沉积和新的黑色素形成，使皮肤变黑、缺乏光泽。UVA 会造成长期、慢性和持久的损伤，使皮肤过早衰老，所以又被称为老化射线。

UVB 引起皮肤即时晒伤

中波 UVB，波长介于 290 ~ 320 纳米，会令表皮具有保护作用的脂质层氧化，使皮肤变干；进一步则使表皮细胞内的核酸和蛋白质变性，产生急性皮炎（即晒伤）等症状，皮肤会变红、发痛。严重时，比如长时间的曝晒，还容易导致皮肤癌变。此外，UVB 的长期伤害还会引起黑色素细胞的变异，造成难以消除的太阳斑。

UVC 不影响皮肤健康

短波 UVC，波长介于 200 ~ 290 纳米，在到达地面之前就被臭氧层吸收了，因此其对皮肤的影响可以忽略。

科学和临床试验的文献表明，UVB 引起的皮肤损害是即时和严重的，UVA 对皮肤的损伤则是长期、慢性的。因此理想的防护品应该安全性高、刺激性小，更关键的是必须同时具备抵御 UVA 和 UVB 的功能。

SPF 抵御 UVB

SPF（Sun Protection Factor），广为大家熟悉，紧跟其后的数值被称为防晒系数或防晒倍数，用于评估防晒产品抵御 UVB 的效果。SPF 值的高低从客观上反映了防晒产品对紫外线 UVB 防护能力的大小。测定 SPF 值时，在选定的一块皮肤上涂抹防晒品，另一块皮肤则不涂任何产品。然后用 UVB 分别照射直至两块皮肤都出现红斑，并记录两种条件下不同的紫外线照射时间，其比值就是该防晒品的 SPF 值。

SPF 值计算公式

SPF = 涂抹防晒品皮肤的 MED/未涂抹防晒品皮肤的 MED

MED（Minimal Erythema Dose）最小红斑量，指引起最轻微可见红斑（泛红）所需的紫外线最低剂量（J/m^2）或最短照射时间。

可以看出 SPF 值越大，抵御 UVB 的能力越强。一个 SPF 值为 15 的防晒产品，可理解为能使皮肤的抗晒红、也就是抵御 UVB 的能力提高了 15 倍。

PA 抵御 UVA

对于 UVA 防护效果的评价，目前国际上还没有一个比较统一的测定方法。有些国家参照 SPF 值的测定方法使用“人体斑贴实验”测定 PFA（Protection Factor of UVA）值，然后转换成 PA 分级方法来表示防晒品对 UVA 的防护效果。测定时使用 UVA 光源，分别照射皮肤直至出现黑化或色素沉着，记录并对比时间。

PFA 值计算公式

PFA = 涂抹防晒品皮肤的 MPPD 值/未涂抹防晒品皮肤的 MPPD 值

MPPD（Minimal Persistent Pigmentation Dose），黑化或色素沉着量。指引起可见黑化或色素沉着量所需的紫外线最低剂量（J/m^2）或最短照射时间。

与 SPF 的定义类似，一个 PFA 值为 5 的防晒产品，可理解为能使皮肤的抗晒黑、也就是抵御 UVA 的能力提高 5 倍。

但通常来讲，抗 UVA 的防晒系数会以 PA 来表示，这是一种分级式的表示方法。它将测定出的 PFA 值按照一定的对应关系，转换成 PA。PA 后面紧跟 + 号，+ 号越多，代表抵御 UVA 的能力越强。

夏天如何防晒

炎炎夏日之际，准备出门度假的旅游族们，想必早已采购不少的防晒品，让你在享受阳光热情的时候，也可保有健康的肌肤。

不过，别以为涂上防晒品就能一劳永逸，曝晒在烈阳中的时间越多，补充防晒品的次数也应随之增加。既然了解到在烈阳下可能引起的晒伤，就应当开始做好防晒工作的准备。

防晒最直接的认知，就是不要暴晒在阳光下，外出要应尽量避开阳光最烈的上午 10 点至下午 3 点这段时间及海边、沙滩等地方。再者，你也可以随身携带伞具、帽子、太阳眼镜，穿着长袖衬衫等，尽量避免让皮肤直接接触阳光；如果你是在岛屿、海滨度假，觉得这样束手束脚，不够自在，那么，涂抹防晒品就是此时旅游族的唯一选择了。

如何选择防晒品

除了具有随时防晒的概念之外，选择防晒品也是一门大学问。防晒品的防晒系数（SPF）与皮肤所能承受的阳光有很大关系，防晒系数越高，抵御阳光的能力相对提升，促使皮肤可以很快地散热。值得注意的是，防晒系数到达某个程度后，防晒的功能就会停滞，因此，选择防晒品所含的系数不需过高。

不同地域旅游不同防晒

旅游族必须谨记，季节是影响阳光强弱的最大因素，故在不同地区的国家旅游，所使用的防晒品之防晒系数也不尽相同。

岛屿型国家

原则上，纯粹度假的岛屿型国家，阳光的杀伤力很强，建议应该使用防晒系数 30 以上的防晒品，不仅擦在肌肤上的分量要足够，而且补的次数要频繁。多久以后需要再补擦防晒品？这要依据个人情况而定。每个人的出油量与流汗量都不同，当肌肤有发热的现象，就表示防晒品的功能已降低了，故你只要用化妆纸将油或汗擦干，再补上适量的防晒霜即可。从事水上活动的人，就得选择耐水、耐汗的防晒品，以保持效果的持久性。千万别太大意，有些阳光的强度虽然不强，但对肌肤仍具有一定的伤害。

欧洲

在欧洲地区，你不妨使用防晒系数 20 左右的防晒品，涂抹在常暴露于阳光下的肌肤，如脸部、脖子及手臂。

澳洲

想到南半球的新西兰、澳洲等国家滑雪或赏雪者，再次提醒你，冬季的阳光看似温煦，虽不致造成晒伤，却也会使肌肤晒黑；爱美的你，可选用防晒系数 15 ~ 20 的防晒品。

处理得当、减少晒伤

如果事前的准备工作，仍不能让你幸免于晒伤，别紧张，事后的补救就显得格外重要了。通常，长时间曝晒在阳光下会使肌肤产生灼热感，所以，你必须马上为该处肌肤降温，或使用日晒后的护理保养品以镇定肌肤，或大量补充水分，或拍打收敛性化妆水，甚至直接以冰块按压肌肤。处理完毕后，肌肤可能会感觉干涩，再辅用滋润度高的保湿产品；遇有脱皮的情况，别担心，这是正常的自然反应，过一段时间就会恢复。若是急欲改善肤质者，请选择能加速代谢的保养产品，以减轻肌肤疼痛。

油性皮肤如何选择防晒霜?

皮脂腺活动旺盛、毛孔粗大、皮肤多油少水的本质，决定了选择夏日防晒品的同时还要照顾到以上的肌肤需求。另外紫外线对油性肌肤的附加作用是：造成表皮肥厚、角质层增厚、毛孔进一步扩大、油脂分泌更多，同时，散热的需要会使毛孔张得更大，皮肤更加油腻。

防晒霜的选择：渗透力较强的水剂型、无油配方的防晒霜，使用起来清爽不油腻，不堵塞毛孔。千万不要使用防晒油，物理性防晒类的产品慎用。

油性皮肤在夏季使用防晒霜之前一定要使用控油系列的护肤品调理肌肤毛孔、出油等状态，每天的清洁工作也显得尤为重要，使用专用的防晒清洁品，以使毛孔达到没有负担的状态。但是油性肌肤的人去角质，在夏天要谨慎，如果过度地使用磨砂去角质使真皮层暴露在阳光下，那么就不仅仅是晒黑那么简单了，其对皮肤的伤害可能会持续很久。

美容专家谈防晒

护肤防晒对于抑制肌肤的老化、皮肤癌的产生以及其他种种皮肤病的出现，起着决定性的作用。综合而透彻地了解自己的肤质，选择正确的防晒品，并建立正确的防晒观念很重要。

问：皮肤的好坏与阳光有多大的关系？

答：大部分（90%）的皮肤变差是由于环境因素所导致的，只有小部分是由年龄引起的。由于紫外线会使人体产生自由基，加速皮肤的氧化，因此长时间日晒不但使肤色不均匀，皮肤松弛失去弹性，甚至会出现提前衰老的现象。

问：阳光对肌肤的伤害有多深？

答：日晒过度是皮肤癌的主要原因。由于臭氧层空洞造成的紫外线加剧现象，促使皮肤提前老化，更易灼伤而产生病变。所以防晒是任何时间、任何年龄、不分男女的全民健康运动。

问：年轻的肌肤比年老的肌肤更容易受伤害吗？

答：根据研究，紫外线的伤害是会累积的，加上户外活动如郊游，年轻的肌肤更容易受紫外线伤害。但是积累的伤害在年龄稍长时就开始一一出现了，例如晒斑、松弛、皱纹及皮肤癌等症状的产生。做父母的对于6个月以上的幼儿，就该注意防晒，并逐渐培养正确的防晒观念。

问：都市上班族，是否需要防晒？

答：阳光中的紫外线穿透力甚强，只要有光线的地方就会受到照射，如倚坐窗旁、坐车、步行等，都会受到紫外线的侵扰。所以对现代都市的上班族来讲，SPF15 隔离霜是一日不可或缺的基本防晒用品。如果长时间在户外曝晒或缺水，则应选用 SPF 值较高（应防止过敏）或防水性较强的防晒品，并注意定时涂抹，才能够达到完全户外防晒保护。

问：在晒黑前，应做好什么措施？

答：选用一些特殊产品，如去角质沐浴乳或者洗面乳等，使血液顺畅、组织紧绷，预防蜂窝组织炎。

问：有能快速见效的防晒品吗？

答：大部分防晒用品均采用传统的乳剂，而活性抗晒成分被包裹于乳剂内，需先将外层乳剂分解后，方可释放内部的活性抗晒成分，因涂抹后好长时间才可发挥其防晒功效，所以常常需要预先涂抹。现在不妨选用倒相乳剂技术制成的防晒产品，它以活性抗晒成分为乳剂的外珠囊，涂上后，防晒成分能及时接触皮肤，发挥有效快速的防晒功效。

问：目前市面上防晒产品林林总总，防晒品到底该如何选择呢？

答：很容易，先找到肌肤类型，再决定你所需的防晒系数。

文唇、文眉、文眼线也要谨小慎微

过节的气氛越来越浓，商家打折、送礼等促销活动一浪高于一浪，美容行业也不甘落后，推出的优惠活动让不少爱美人士为之心动。加黑的眼睛眉毛，漂亮文唇，的确平添了女性丰采。文唇、文眉、文眼线原本是为了美化自己的面部，可是，如果不谨慎选择相关美容机构，可能手术过后，不但美容未成，身体健康反受侵害，因此，文唇、文眉也要“谨小慎微”。

想文红唇变黑唇

据搜狐网消息，53 岁的云女士花 580 元在北京某美容公司下属的美容店作了文唇术。几天过后，云女士不但没有看到动人的红唇，唇部却出现褐色和黑色斑块。该美容公司便将美容款 580 元全额退还给了云女士。云女士将该公司诉至法院。

法院在审理中发现，该美容公司为云女士实施文唇美容属于超越经营范围，且未将这一情况如实告知云女士，认定该公司的行为已构成欺诈。法院判令美容公司再向云女士赔偿美容款 580 元和精神抚慰金 2000 元。此后，云女士因治疗唇部斑块又支付了 1600 余元的医疗费、交通费，于是再次诉至法院。法院判令该美容公司再次向云女士赔偿医疗费、交通费、精神抚慰金 2000 多元。

文唇后嘴肿得厉害

据《楚天都市报》报道，34 岁的李女士在一家医疗美容整形门诊漂唇，不想术后嘴唇肿得成了“噘嘴”。并且嘴唇上总是起一层白皮，轻轻一扯就能揪下来。据李女士称她是看到这家医疗美容整形门诊的广告上写着“专业技术，文唇专家”的字样之后，决定做漂唇手术的。整个漂唇过程 1 个多小时，使用了注射麻药。漂唇后，李女士的嘴唇当时就肿了起来，回到家里，孩子戏称她是“猪嘴”。过了几天，李女士的嘴唇没有消肿，她到门诊去询问，该门诊相关人员称这是正常反应，慢慢就会好起来。此后，李女士每隔一段时间就去一次门诊，对方的答复基本不变，而李女士的嘴也“基本不变”。几个月后，李女士的嘴唇肿得特别厉害，并且几个麻药注射点出现了瘢痕，嘴唇也不停地起皮。尽管门诊一再承诺过一段时间就会好，可到现在，李女士的嘴唇仍旧“其状惨烈”。李女士为此极度痛苦，家人也埋怨她，她自己更是不敢见人，精神上承受着很大压力。为此，她先后找到卫生局、医学会等部门反映情况，并将美容门诊告上法庭。

文唇竟感染性病

据中华美容网报道，张女士因纹唇竟感染性病。张女士见到周围的朋友文眉、文唇后变得年轻漂亮，也不由得动了心。她到郊区某县城一家小美容院文唇，不料术后肿还没消，嘴唇边缘反而冒出数十个粉红色的赘生物——“小瘊子”，辗转多家医院治疗未见好转，反而越生越多。追求美丽却适得其反的张女士来到医院皮肤科就诊。医生检查发现，赘生物呈扁平状或菜花状，小的如同米粒，大的有豆粒般大小，分布在嘴唇周围沿唇线处。经病理切片检查，张女士被诊断为性病的一种——尖锐湿疣。在医生的询问下，张女士说自己并没有不洁性史。

文唇、文眉、文眼线都要当心染上性病

由于美容器具消毒不严以及不规范的操作所引起的交叉感染在一些不正规的“美容”单位已经司空见惯，更让人吃惊的是，竟然接二连三地出现文唇文出性病的怪事，应该引起人们的足够警惕！

据搜狐网健康频道消息，西安某医院连续接治了几例唇部出现大小不同“疱疹”的女士。经认真询问病史——她们在患病前3周至1个月前曾在几家不同的“美容院”做过“文唇”、“绣唇”、“漂唇”术。仔细检查发现此“疹”与过敏反应不同，为慎重起见，取下几个小“疹”做病理检验，结果发现是“尖锐湿疣”（又称生殖器疣或性病疣，是人类乳头瘤病毒感染所致的一种性传播疾病），遂对其一一制定了周密的治疗方案，经过一周多的治疗，她们得以治愈。据医院接诊医生介绍，根据几位女士发病部位、发病时间、病理诊断可以初步认定，她们很可能是在文饰过程中被消毒不彻底的器具传染的。文饰过程中，有些疾病可通过血液、泪液、唾液等进行传播，若不注意易造成交叉感染。文饰器具必须定期用杀灭病毒的新型消毒液或高压灭菌消毒，并做到一人一针、一杯、一帽，不规范的文饰（包括文唇、文眉、文眼线等）弄不好则可能出现大问题。为此，提醒爱美的女士：文饰应去符合医疗

消毒标准、操作规范的正规医疗美容单位。

不只是文唇要当心染上性病，文眉、文眼线同样也要当心，弄不好，后悔莫及，为时晚矣！

文唇前要做过敏反应检测

文唇是要改变嘴唇的颜色和形状，那么，手术中所使用的色料有害成分是否超标，消费者对色料是否适应都要进行检测，看有无过敏反应，这是做手术前应该准备的。案例中的李女士属于“过敏体质”，因而会出现这种“排斥反应”，也就是说李女士的体质对色料不仅不能吸收，还产生排斥反应。李女士后来到几家大医院做过检查，医院诊断为“瘢痕增生”。李女士之所以在漂唇后迟迟不好，出现了各种反应，完全是因为“个体差异”所产生的过敏反应。可见，做文唇手术前进行相关的过敏反应检测是必需的。

文唇要选择正规美容院

一般来说，做手术所使用的工具对于患者来说也是至关重要的，如果医生的技术水平过硬，但手术所使用的工具没消毒或者消毒不彻底，对患者也能造成一定的风险。正规的大医院，消毒工作相对来说要做得到位、严格一些。据有关医生分析说，导致张女士嘴唇周围产生尖锐湿疣的罪魁祸首，嫌疑最大的便是美容院的文唇工具。不正规的小美容院由于设施不齐全，工具在污染了湿疣病毒后，不消毒或者消毒不彻底，就成了病毒疣的播种机，因此就有可能感染性病。专家提醒广大爱美的女士，做美容一定要选择正规的美容院，以减少类似情况的发生。

做漂唇术应注意的问题

嘴唇是构成容貌的主要部位之一，因此，古今中外，人类尤其是女性总是千方百计地修饰美化双唇，以增添自然的魅力和风采。目前，漂唇术的诞生，解决了人们每天反复修饰双唇的烦恼，使美丽永驻双唇。但是，漂唇术是一个非常细致而且高精度的艺术，为了不让女性朋友出现意想不到的情况，现把漂唇过程中应注意的问题介绍给大家。

术前的准备工作是成败的关键。术前三天，要求术者口服板兰根冲剂和静脉滴注甲硝唑或其他广谱抗生素，为整个漂唇术创造良好的身体环境。从术前三天开始，要求术者忌口，主要忌辛、辣、刺激性食物和生蒜、生葱、辣椒等。另外，不能食用花生、瓜子、海鲜等食品，并且忌口要贯穿漂唇术全过程，直至创口完全愈合为止，一般为两天左右。选择适当的时间也需要注意。一般女性不宜在经期进行漂唇术，选择在经期后一周为宜。

按照具体情况，根据顾客的年龄、肤色以及唇的底色配制合适的颜色。如唇色淡或年龄较小者，可选用大红、深红、朱红；年龄大或唇色发暗者应选用浅红色，禁用咖啡色，否则会在唇上形成不健康的猪肝色。总之，选色要慎重。美容师操作时必须戴口罩，用75%的酒精消毒手部，所有操作器材必须严格消毒，严格无菌操作。术前要进行口腔清洁和唇部消毒，要求术者要用漱口水漱口。必须做到一人一针，一人一份色料，避免交叉感染。

需要注意的是，凝血机制不良者和有过敏性体质、疤痕体质者一般不适宜漂唇。术前一定要把设计时留在口唇上的唇型线去掉，以免发生感染。

唇型设计是能否把真正的美丽永驻双唇的关键，同时也是衡量一个美容师审美水平高低的尺度。唇型的设计必须结合个体的唇型、脸型、鼻型，应注意上下的比例关系，但无论是外扩文饰或是内收文饰都应紧靠原唇红线进行，而且，不应超过1.5mm，以免影响美观。脸型宽阔、下巴较大者，应设计饱满、圆润的唇型。脸型狭窄、瘦尖者要设计“樱桃嘴”的唇型。

总之，设计唇型要做到：曲线优美，型随峰变，不离红线，要注意整体上下形态调整，这样，才能做出适合各种脸型的唇型。

漂唇术貌似简单，实则难度很大，是一项具有艺术性的技术工作，做得好，则“锦上添花”；反之，则适得其反。现在有些美容师侧重于漂唇手法而轻视了术前消毒准备和唇型设计，往往达不到预期效果。做漂唇术需要正确的手法，配合充分的术前准备和完美的唇型设计，这样才能真正收到“锦上添花”的效果。

文刺是需要操练的一门技术

问：如何才能文出漂亮的眼线？

答：首先眼线应文在睫毛根部，否则会使大眼变小、小眼更小，使眼睛失去真实感。因为眼线除了美化眼睛外，更重要的是起到矫型、掩饰缺陷的作用。紧贴睫毛根部文出的眼线可以达到这样的效果。

同时，文眼线操作应遵循一个原则：上长下短、上宽下窄。下眼线应短于上眼线，上 8 下 7，即上眼线占眼线实际长度的 8/10，下眼线占实际长度的 7/10；上眼线应比下眼线宽，最宽为 0.2～0.3 毫米，由粗到细分配，并在距离外眼角 3 毫米时提前往上翘，这样文出的眼线上翘角度正好与眼睛张开时睫毛的角度吻合，使眼睛形状更漂亮。如果遇到眼角往下的情况，则需文到头再往上翘，将会有提升眼角的效果。

此外，应正确掌握文刺针的使用方法，尽量使针与眼睛弧线保持平行。这样文出的眼线才会生动自然。

问：什么是“弯弯绣眉”?

答：准确讲是用带有弧度的绣眉刀来绣眉。因为，人的眉形有一个自然的弧度，似睫毛般有弯曲度。用传统的直线排列方式绣眉，眉毛看起来生硬、呆板，而采用带弧形的针片绣出的眉自然带弯曲度，效果逼真。

问：“弯弯绣眉”有何技术要领?

答：握笔姿势很重要，正确的握笔方法可以收到事半功倍的效果。应施以横向握笔，刀片 1/3 在里、2/3 在外，以针尖为轴移动，采用压、推、提等手法，使绣出的每一根眉毛自然带弯，富有动感美。

问：现在文唇、漂唇的人较多，文刺师在操作此项技术过程中，应注意些什么?

答：很多人对自己天生的唇型不满意，希望通过文唇来加以弥补或改造，所以文唇大多数时候是起到矫正、修饰唇型的作用。这就要求文刺师必须根据客人的特征设计唇型，或扩或缩，尤其是做好唇峰、人中处的造型。原则是下唇厚于上唇，刚好多出一条线的宽度。同时还需注意，适度扩出去的部分颜色应深于全唇的颜色，例如暗紫色的唇则不能再用暗紫色去遮盖，而应以更深的颜色，这样才能让文出来的唇在光线下显得色调一致。

文唇过程中，还应把握好准确的文刺深度，才不至于留下疤痕。文完唇之后，还应遵循如下原则：能不补色尽量不补色，必需补色处要尽量少补。

当然，作为一名合格的文刺师，应详细了解有关文唇的禁忌，如正处于病理期、生理期、妊娠期的人及患有高血压、心脏病史、糖尿病史、血小板低下者都不能施以文唇手术。

睫毛嫁接需辨明材料

加黑加长的眼睫毛忽闪忽闪地，仿佛会说话一般，增添了眼睛的许多灵性。然而，当眼神失去活力时，整个人就传递出无精打采的气息，尤其东方人的眼部轮廓不如欧美人种的深邃、凹凸有致，更需要睫毛嫁接来一展提神效果。眼下，“睫毛嫁接”这项美容项目正风靡各地美容院。但是，睫毛嫁接也可能内藏风险。用劣质的睫毛材料嫁接可能会给眼睛带来伤害。

嫁接睫毛后眼珠发痒并出现红斑

据中国化妆品网消息，广东的白领张小姐一直以来嫌自己的眼睛不够漂亮，尤其是睫毛又少又细又短。三天前，她去一家美容院花了500元定制了一对人造睫毛，往眼睛上一粘，整个眼部立刻变得漂亮起来。谁知，从第二天开始，她的眼部开始发痒并出现红斑，眼睛已痛得无法睁开，不得不去医院求诊。

假睫毛掉入眼不幸染眼疾

中国美容网报道了王小姐的遭遇。她花150元在自家小区美容院嫁接了假睫毛，刚开始时还卷翘动人，睫毛像扇子一样忽闪忽闪的，得到了同事们的啧啧称赞，但是没过多久，本来根根分明的假睫毛就开始粘连，整天像没洗脸一样，而且眼睛还红肿刺痛，她的眼部开始发痒并出现红肿，眼睛痛得无法睁开。到医院检查后，医生说她是因为“睫毛嫁接”引起了眼部感染。她只好回美容院把所有的假睫毛洗掉，最后还得去医院治疗眼睛。眼科医生告诉她，幸亏治疗及时，她的眼睛属于比较敏感类型，如果再拖延时间的话，很有可能发展成角膜炎。

嫁接睫毛是怎么回事?

据介绍，嫁接睫毛术最初是从韩国引入的美容新方法。眼下，这项美容项目正风靡各地美容院。美容师根据顾客眼睫毛的疏密程度、长短和顾客对眼睫毛的期望值，选择合适的假睫毛，用一种特制的防水胶把所谓的人造睫毛一根一根地粘到人的真睫毛上。一般来说，嫁接好的睫毛颜色自然，有卷翘效果，完全不用再涂睫毛膏，而且有一定耐水、耐热性，即使游泳、桑拿也不必担心睫毛脱落，但只可以维持两到三个月。如果有些人对防水胶过敏的话，那就要注意，稍有不慎，眼睛就有被感染的危险。

猪狗兔毛摇身变为人眼睫毛

有些不正规美容院的老板为了节约成本，会购入一些廉价的假睫毛，十几元到几十元就可以买到几百根。这些廉价的假睫毛不少都是用猪毛、狗毛加工制成的。由于猪毛较粗硬，需要用化学成分对其进行加工，使其变得柔软，如果消毒脱敏不到位，猪毛上的病菌和化学成分易引发眼睛感染，还会导致真睫毛脱落。

嫁接睫毛有风险

自从在时尚女性中开始流行粘贴人造眼睫毛，医院眼科门诊就不时出现类似张小姐、马女士这样的患者。医生告诫，一些市面上流行的劣质人造睫毛千万不可乱用，这些动物毛、化纤物品制作的东西对于眼睛有较大危害。

使用人造眼睫毛出现病情的原因主要有两个方面：一是眼睫毛没有进行严格的消毒处理出现感染病菌；二是粘贴眼睫毛的胶水属于化学物品，很容易导致人的眼睛因化学物品而中毒。人造睫毛由于产品的制作工艺和原材料复杂，产地不清，质量难以保证；从医学的角度来说，无论什么胶水，对眼睛都会造成或多或少的刺激，如果胶水质量伪劣，容易脱落不说，对眼睛造成的危害也不可估量。

“睫毛嫁接”缘何风行？

由于受遗传、环境、饮食等因素的影响，大多数人的睫毛无法通过自然生长达到理想的长度与浓密度。为了让眼睛看起来炯炯有神，不少女性使用睫毛液、睫毛膏、假睫毛来装扮自己。但一不小心，这些装备不仅有可能让她们陷入浓妆的艳俗里，还要时时提防在关键时刻成为“熊猫眼”。而且，长时间使用睫毛膏之类的产品，还会影响睫毛的光泽度与韧性，甚至造成睫毛过早脱落。

相比之下，“睫毛嫁接”的优点很多，被业界称为自烫睫毛之后美睫的又一新突破。据介绍，睫毛嫁接可以使原有的短睫毛在几十分钟内变得又长又翘，且不怕水洗，可以保持三个月之久，即三个月内无须再使用眼线笔、睫毛膏、睫毛刷、睫毛钳之类的工具就可以让眼睛看上去妩媚动人，还可免去卸妆之累。“种睫毛”的价格则从200元到500元不等，大多数消费者都能承受。

据了解，这一新的美容项目推出后，因其无可比拟的优越性和价格适中，而受到顾客的青睐。据开展这项业务的美容院介绍，前来“种睫毛”的顾客很多，而且“种睫毛”的适应人群非常广，人们可根据自身气质、喜好、工作生活环境等选择不同型号、颜色的“睫毛”。

眼皮底下的危险时尚

案例中的王小姐、马女士所出现的问题，都是因为“睫毛嫁接”引起的眼部感染。

首先，“睫毛嫁接”造成眼部感染的一大原因在于材料有问题。

据了解，在睫毛嫁接市场比较流行的假睫毛产品大部分除了名称外几乎都没有生产批准文号、产品成分、生产厂家的电话地址等。有一些假睫毛主要用猪毛、狗毛、兔毛直接加工而成，也有部分产品是用化学物品制成的。有专家认为，动物毛并非不可做成美容美发产品。一般来说，动物毛要加工成美容美发产品，需经过消毒处理，就好像将皮革做成皮鞋、皮衣需要事先经过硝化处理一样。经过充分消毒的动物毛，像兔毛等是安全的。“动物毛睫毛”引起的感染，可能与动物身上携带的致病菌或寄生虫有关。

其次，在加工过程中，尤其是集中种植睫毛时，未经消毒的手、工具都会造成二次污染。

最后，种植假睫毛的眼睑也可能不干净，加之没有彻底消毒，很容易发生感染。另外，粘睫毛时使用的胶水，其安全性能也很重要。据了解，种睫毛应使用美容用胶水，但有些非正规美容院使用来历不明的胶水。专家称，无论哪种胶水，都会对眼睛有一定的刺激，不能长时间使用。

爱美心切还得睁大双眼

目前市场上有许多厂家和经营机构都在做嫁接睫毛的业务，市场良莠不齐，消费者在选择这些厂商的产品和服务时要格外谨慎。一是要看产品质量，用在眼部的产品一定要选择合格产品；二是要看技术，由于在眼部操作，美容师的技术一定要过硬，操作要规范，以免伤害眼睛；三是选择信誉好、卫生状况好的美容机构。对于市场上销售的不明来路的人造睫毛千万不可乱用，这些由动物毛、化纤物品制成的东西对眼睛的危害极大，轻则可致感染，视力下降，重则能致失明。

专家告诫慎用人造睫毛

最近有媒体报道，目前较为流行的美容方式——人造睫毛给很多人带来了眼睛疾患，有专家甚至指出，人造睫毛使用不当会导致失明。

在嫁接睫毛过程中，一个很重要的因素就是粘贴“睫毛”的胶水，很多人用的不是美容胶水，有一定的毒性，对眼睛当然会有一定的刺激，甚至引起更大的反应。当然，在种植过程中如果眼睑没有处理干净或手、工具没有消毒，也会引起感染。

嫁接睫毛要慎重。嫁接睫毛即使要做，也要选择正规的美容产品。我们不必管这些人造睫毛是产自国外还是国内，而应该重点看它有没有得到国家卫生部门的认可，有没有正规的生产批号。如果有，那说明它各方面都达到国家标准了，可以正常使用。

专家支招：如何识别睫毛的好坏优劣

从光泽粗细软硬识别优劣假睫毛

专家指出，可从四个方面识别假睫毛的优劣：

第一，要关注睫毛的光泽和气味。色泽晦暗不光亮、有异味的不是好睫毛，好睫毛一定是油光可鉴的。

第二，看睫毛的弯翘度和粗细。合格的假睫毛有很自然如月牙的弯翘度，并且都是一头粗一头细。平而直的假睫毛做出来就没有自然上翘的美感。

第三，感觉睫毛的软硬度。太软的假睫毛嫁接上去不挺、弯翘度不够。太硬的则没有自然美感。最合宜的应是手捏上去有柔软感，比人的真睫毛稍微硬一些。

第四，留意其长度。5～12 毫米的各种长度的睫毛规格要全，规格不全的毛做出来就不大自然。眼角位置的要用短毛，中间的用长毛。

据了解，动物毛发可以做成美容美发产品，但其加工工艺要求非常严格，首先必须经过严格的消毒处理，杀灭其携带的细菌和病菌以及寄生虫等，这些正是引发部分消费者感染的源头。如果严格按照加工程序处理，成本相对较高，于是个别厂家为了节约成本，会忽略一些加工步骤，这样做出来的睫毛存在卫生隐患。

美甲时尚有风险

进入夏季，流光溢彩的指间风采被越来越多的女性所重视，美甲生意也开始红火起来。购物中心、地下商城、街边美容店，所有的“时尚”地带，都有美甲的女性身影。彩绘甲、水晶甲，被女性不惜数百元频频变换着。但医学专家却指出，这种美丽风险很大，如果卫生条件堪忧，美甲很可能给爱美女士带来健康隐患。

美甲后双手双脚感染灰指甲

北京市的王女士，经过某商场时，遇到了几位热情的美甲师，她经不住轮番“宣传”，被她们拉到了一个小小的美甲摊位，指甲刀、指甲锉轮番“上阵”后，双手双脚果然变得光彩夺目。但没过多久，假指甲脱落，王小姐赫然发现自己的真指甲已经变得“面目可憎”。王女士说：“刚开始是指甲变厚，并变成米黄色，后来就越变越厚，变成了灰指甲。”“这么热的天，我只能穿皮鞋，手揣进口袋。现在我每天都后悔，要是去年不去美甲就好了。”“我那次美甲花了300多元，没想到竟是花钱买罪受。”

做雕花指甲的遭遇

万女士花了两百多元做的雕花手指甲，不仅两天之后雕花就变得残缺不全，而且一星期后所有的指甲都起了层皮。现在一沾热水，指甲里的肉就会感到隐隐作痛。

一套器械多人反复使用

一把甲钳，一副锉刀，一个酒精棉球，这就是一些美甲店“全套”的工具。这种“简陋”的美甲服务存在诸多不规范、不卫生的地方，很可能给爱美的女士带来健康隐患。一些美甲店集中的地方，常常是100米的过道上十几家小店排排坐。小店给顾客提供的美甲用具不洁，使用的毛巾、镊子、剪子等用具，根本不能做到“一客一换一消毒”；操作场所及美甲用具没有经过消毒，卫生不达标。而美甲用具未按要求进行消毒，很容易被传染上手癣、灰指甲、甲沟炎、肝炎等疾病。有的小店在美甲时会用酒精消毒，但这并不能有效防止疾病传染。因为美甲用具的材质各异，有塑料、金属、泡沫，还有毛巾，因此需要采用多种消毒方法，如火焰消毒法、沸煮法、消毒液浸泡法或高压蒸汽灭菌法，仅用热水或酒精消毒是不足以杀死真菌的。最万无一失的方法是自备一套美甲工具。

美甲有可能感染炎症

美甲的第一个步骤通常是去指甲小皮、锉指甲，除掉顾客指甲上的小皮，也就是将指甲上靠近月白处、蒙在指甲上的皮肤锉薄，甚至去除。这对于指甲本身是一个伤害。

很多喜欢美甲的女士有这样的发现：做了几次美甲后，欲罢不能。因为自己的真指甲已经变得“面目可憎”。逐渐变厚的指甲，只能不断锉薄，以维持“形象”。此外，频频美甲，还会导致指甲颜色变暗、变灰，这时只好通过厚厚的指甲油来掩盖。更有甚者，由于不断涂油掩盖变形指甲，导致恶性循环，最终指甲周围的指肉红肿流脓。这主要是因为把指甲小皮除掉后，指甲基质失去保护，就很容易使皮下组织发红、肿痛。如果感染状况严重，会迅速化脓，形成甲沟炎。若反复发作，最后会变成慢性甲沟炎。

另外，指甲表层有一层像牙齿表层釉一样的物质，能保护指甲，成为屏障。指甲表面锉薄后，保护作用减弱，细菌、真菌和微生物很容易侵入人体，感染发炎。

美甲方法不科学危害大

从医学角度讲，不科学的美甲方式对人体会产生极大危害。指甲表层有一层像牙齿表层釉一样的物质，能保护其不被腐蚀。要是把指甲表层锉掉，手指就失去了保护层，对酸性或碱性物质的腐蚀失去抵抗力。经常美甲会引起指甲断折，颜色发黄或发黑，影响健康。

频繁美甲有可能引起恶性循环，最终导致指甲周围的皮肤红肿流脓。这主要是因为把指甲小皮除掉后，指甲基质失去保护，就很容易使皮下组织发红、肿痛。如果感染状况严重，会迅速化脓，变成甲沟炎。若反复发作，最后会变成慢性甲沟炎。

器械不消毒易传染

美甲用具的卫生问题是一大健康隐患。美甲摊给顾客提供的美甲用具不洁；使用的毛巾、镊子、剪子等用具，根本不能做到“一客一换一消毒”；操作场所及美甲用具没有经过消毒，卫生不达标。而美甲用具未按要求进行消毒，很容易被传染上手癣、灰指甲、肝炎等疾病。

指甲油无标签存在隐患

指甲油在包装上和标签上无中文标志，属于不合格的指甲油，它们最突出的问题是使用禁用色素，其成分中含有大量可能致癌的荧光剂。另外，用来美甲的表皮磨光剂、指甲增强剂等很多成分都不清，可能含有毒物质。

由于指甲很容易吸收外界物质，所以，长期使用铅、砷、汞、苯等重金属超标的指甲油可能会出现慢性中毒，甚至致癌。

怀孕妇女依然美甲，警惕指甲油可致胎儿畸形

指甲油中普遍含有一种叫“酞酸酯”的物质，这种物质很可能导致胎儿畸形和流产。酞酸酯是一种无色无味的油状液体，挥发性好，能够使指甲油质地更均匀、耐用。它可通过皮肤、呼吸道及消化道进入人体，积蓄在脂肪组织，不易排泄。如果人体内此物质的残留浓度高，会危害肝、肾、心血管和生殖系统，影响人体内分泌功能。孕妇长期使用后可致胎儿畸形。

美甲不洁可能染肝炎

通常美容器械是要经过高压或专门消毒液浸泡一段时间后，方可再次使用，仅用酒精擦拭无法达到杀死细菌的目的。由于指甲有吸收的功能，未经卫生消毒或是没有正确消毒的美甲器械可能会造成交叉感染手癣、灰指甲、甲沟炎、肝炎等疾病。另外，一旦出现皮肤破损也容易通过美甲器械感染疾病，还会造成指甲出现黑线和指甲易损坏等现象。

劣质指甲油导致慢性中毒

专家介绍，一些美容产品中添加的酞酸盐多为磷苯二甲酸二丁酯（DBP），这是一种无色无味的油状液体，挥发性好，可以燃烧，被作为一级化学危险品来储藏、运输。而酞酸盐能够使指甲油质地更均匀、耐用，可使香水气味更加持久，可使喷发胶产生更好的效果。有一些劣质的指甲油，其铅、砷、汞等重金属超标，还有一些添加了禁用的色素、荧光剂，长期使用会出现慢性中毒，甚至致癌。

权威说法：去美容应该两查一备

卫生监督部门的有关人士提醒广大消费者，在美容机构消费时，一定要求经营者为您提供经过有效消毒的美容器具，可以自备的美容用品尽量自备。使用美容机构提供的美容产品一定要求有国家批准文号，进口产品必须有相关的许可证和进口的有关批号，同时必须注明原产国名、企业名称和地址、中文标签等。

留意指甲发出的健康警告

如果我们经常观察自己的指甲，我们会发现它并不是一成不变的。比如，在我们发烧之后不久，我们的指甲上会出现横沟或纵嵴，也就是人们通常说的“棱”，这是因为在发烧期间，我们的身体健康状况下降所致，但这仅仅是指甲在健康状况不佳情景下的表现形式之一。

专家认为，根据我们身体在不同时期出现的不同变化，比如出现顶针甲，即指甲上出现针尖大小的凹陷点等现象，医学上认为，这也是人身体处于亚健康状态时表现在指甲上的形式。

中年人群比较容易出现指甲异常

在不同的年龄段，这种现象出现的频率和持续时间各有不同。目前大约有 20% ~40% 的人指甲会出现上述症状，其中以进入中年的人群更为突出。

指甲的变化直接反映人体在某一阶段的健康状况，只是指甲表现这一状况的时间会略有滞后。指甲出现凹凸现象主要是人身体缺乏维生素 A、钙质所致，所以，平时应该吃一定量的胡萝卜、蛋黄等食物。一些人因为害怕摄入过量的胆固醇而不吃蛋黄，这是不对的，适量吃蛋黄对人体不会构成伤害。而长期缺少维生素 A、钙质等物质，人体会提前老化。

出现顶针甲是人体缺少必要微量元素和钙质的突出表现之一，与此同时，可能还伴随出现脱发、口唇皮肤干燥等症状。所以，这样的人应该注意补充钙和微量元素，特别是进入更年期以后，在这方面更应该注意。指甲一旦出现顶针甲现象，就很容易被真菌感染，从而出现继发性灰指甲病。所以，这类人群除了食补钙质等，还要注意定时定量晒太阳，所谓定时是指早晚期间而不要在10：00～15：00时间段晒太阳，定量是不要让皮肤出现疼痛的感觉。

宝宝指甲异常与生长、代谢等方面出现问题有关

宝宝指甲可能出现异常颜色，有人认为宝宝指甲出现白色斑点是肚子里长了蛔虫，其实不然，多数也是外伤所致。由于宝宝活动量比较大，出现这类现象是正常的。如果整个指甲变黄，原因可能就有多种。比如吃了含有胡萝卜素的食物会使宝宝的指甲变黄，而遭到真菌感染也会让宝宝的指甲变黄，后者多伴有指甲形状的改变。

宝宝的指甲颜色正常情况下应该是粉红色的，很光滑，有韧性。据介绍，宝宝的指甲半月如果颜色异常，如呈红色时，可能是心脏不好；呈淡红色时，可能是贫血。如果宝宝的指甲也出现了横沟等，可能是得了急性麻疹、肺热、猩红热等热病或出现了代谢异常及皮肤等方面的疾病。

专家提醒，宝宝指甲出现竖着的突出的棱，指甲尖容易撕裂、分层，不仅是指甲营养不良的表现，也可能是扁平苔藓等皮肤病所致。指甲在纵向发生破裂，可能是甲状腺功能低下，脑垂体前叶功能异常等，出现这类情况应及时就医。

科学生活才可避免指甲损伤

对于指甲上出现了白色斑点，有人认为也是缺少钙质的表现，其实，这多数也是因外伤造成的，指甲有1/5是藏在肉里面的，因此对指甲周围皮肤的损伤，就会影响到指甲的生成状况。比如随意撕掉指甲周围皮肤上出现的倒刺，就容易导致指甲上出现白色的斑点。指甲周围的皮肤受到损伤，直接影响了指甲对营养的摄取。因此，正确的办法是用指甲刀去掉倒刺。当然，平时对手上皮肤的护理也是必要的。用含油脂比较高的蛤蜊油及含有维生素 E 的护肤品擦手最好。这样既保护了皮肤，也保证了指甲的健康。

一个健康的人，他的指甲应该是光滑而富有光泽的。指甲的主要部分看起来是粉红色的，而指甲的质地也应该是很坚韧的。

要想拥有健康的指甲，饮食十分重要。要多吃奶制品、菠菜、干杏脯、海产品等，如果人体缺少必要的铁、钙、锌等，指甲就容易碎、薄而易剥落。

后　记

随着社会开放和观念的转变，全民对于美丽的追求催生了美容经济的繁荣。据说美容消费已成为国人第五大消费。其增长势头，远远领先于其他消费领域。在风起云涌的美容消费浪潮中，难免夹杂泥沙俱下的美容陷阱。为“美”打官司的人越来越多，一些消费者的身心遭到严重伤害。看了本书后，如果你对美容有一个全新的科学的认识和领悟，那将是笔者最大的收获和奖励。

这本小书的写作完全是按照总策划人、主编周运清教授和出版社的要求来进行的。笔者多年来对于女性追求美的执着精神和为此付出的代价深有感受，也很想借此机会为更多的女性朋友提供有益的帮助。所以，笔者尽可能地从一些报刊、杂志、互联网上寻找到相关资料，并进行整理，供读者们参考。由于各种原因，这些资料的来源难以在书中一一标明，在此向有关作者和评论者表示歉意和谢意。

需要指出的是，本书中提供的一些建议和美容秘方，很多来自于亲戚朋友的实际经验，也感谢她们给予的热情支持和帮助。正是有了她们的友情出场才使得本书增色不少。在此一并致谢了。